大连海事大学校企共建特色教材
大连海事大学—海丰国际教材建设基金资助

主　编 ◎ 于纯妍

副主编 ◎ 李春庚

C语言

程序设计教程

大连海事大学出版社
DALIAN MARITIME UNIVERSITY PRESS

图书在版编目(CIP)数据

C 语言程序设计教程／于纯妍主编. — 大连：大连

海事大学出版社，2025. 3. — ISBN 978-7-5632-4675-5

Ⅰ. TP312.8

中国国家版本馆 CIP 数据核字第 2025NT4248 号

大连海事大学出版社出版

地址：大连市黄浦路523号　邮编：116026　电话：0411-84729665(营销部)　84729480(总编室)

http://press.dlmu.edu.cn　E-mail：dmupress@dlmu.edu.cn

大连天骄彩色印刷有限公司印装　　　　　　　　大连海事大学出版社发行

2025 年 3 月第 1 版　　　　　　　　　　　　　2025 年 3 月第 1 次印刷

幅面尺寸：184 mm×260 mm　　　　　　　　　　　　　　　　印张：14

字数：347 千　　　　　　　　　　　　　　　　　印数：1～1000 册

出版人：刘明凯

责任编辑：孙笑鸣　　　　　　　　　　　　　　　责任校对：张　冰

封面设计：张爱妮　　　　　　　　　　　　　　　版式设计：张爱妮

ISBN 978-7-5632-4675-5　　　定价：35.00 元

大连海事大学校企共建特色教材

编 委 会

总前言

　　航运业是经济社会发展的重要基础产业,在维护国家海洋权益和经济安全、推动对外贸易发展、促进产业转型升级等方面具有重要作用,对我国建设交通强国、海洋强国具有重要意义。大连海事大学作为交通运输部所属的全国重点大学、国家"双一流"建设高校,多年来为我国乃至国际航运业培养了大批高素质航运人才,对航运业的发展起到了重要作用。

　　进入新时代以来,党中央、国务院及教育主管部门对高等教育的人才培养体系提出了更高要求,对教材工作尤为重视。根据要求,学校大力开展了新工科、新文科等建设及产教融合、科教融合等改革。在教材建设方面,学校修订了教材管理相关制度,建立了校企共建本科教材机制,大力推进校企共建教材工作。其中,航运特色专业的核心课程教材是校企共建的重点,涉及交通运输、海洋工程、物流管理、经济金融、法律等领域。

　　2021年以来,大连海事大学与海丰国际控股有限公司签订了校企共建教材协议,共同成立了"大连海事大学校企共建特色教材编委会"(简称"编委会"),负责指导、协调校企共建教材相关工作,着力建成一批政治方向正确、满足教学需要、质量水平优秀、航运特色突出、符合国家经济社会发展需求和行业需求的高水平专业核心课程教材。编委会成员主要由大连海事大学校领导和相关领域专家、海丰国际控股有限公司领导和相关行业专家组成。

　　校企共建特色教材的编写人员经学校二级单位推荐、学校严格审查后确定,均具有丰富的教育教学和教材编写经验,确保了教材的科学性、适用性。公司推荐具有丰富实践经验的行业专家参与共建教材的策划、编写,确保了教材的实践性、前沿性。学校的院、校两级教材工作委员会、党委常委会通过个人审读与会议评审相结合、校内专家与校外专家相结合等不同形式对教材内容进行学术审查和政治审查,确保了教材的学术水平和政治方向。

　　在校企共建特色教材的编写与出版过程中,海丰国际控股有限公司还向学校提供了经费资助,在此表示感谢。大连海事大学出版社对教材校审、排版等提供了专业的指导与服务,在此表示感谢。同时,感谢各方领导、专家和同仁的大力支持和热情帮助。

　　校企共建特色教材的编写是一项繁重而复杂的工作,鉴于时间、人力等方面的因素,教材内容难免有不妥之处,希望专家不吝指正。同时,希望更多的航运企事业单位、专家学者能参与到此项工作中来,为我国培养高素质航运人才建言献策。

大连海事大学校企共建特色教材编委会

2022 年 12 月 6 日

前 言

C语言是一种面向过程的计算机编程语言,具有高效、灵活等特点,是许多计算机科学家和程序员的首选语言。C语言最初于1972年由丹尼斯·里奇(Dennis Ritchie)在贝尔实验室开发,如今已成为许多计算机科学和工程领域的标准语言,广泛应用于操作系统、嵌入式系统、游戏开发、网络编程等领域。

C语言程序设计是计算机大类专业入学的第一门编程语言,主要包含理论与上机练习两个环节。熟练掌握C语言相关的语法及语义知识,能够为后续编程类课程的学习打下坚实基础;熟悉课程配套的上机练习环节,能够为编程实践的学习提供扎实基础。

本书以学生管理及海事相关管理信息系统作为实例,进行C语言功能介绍。本书通过大量的实例和详细的解释,帮助读者理解C语言的基本概念和语法,以便更好地掌握这门语言。同时,书中也将介绍一些高级的C语言特性,以便读者能够更深入地了解C语言的应用领域。通过学习该课程,学生能掌握编程语言的体系架构,建模编程思想,为其大学编程专业类课程的学习打开视野,提供思路,辅助编程能力的提升。

本书共分为10章。第1章为概述,包括C语言课程目标、特点及与其他语言的区别等。第2章为基本数据类型和运算符,包括变量与常量、基本数据类型、运算符等。第3章为结构化控制语句,包括顺序结构、选择结构、循环结构、嵌套语句和循环结构综合示例等。第4章为数组,包括一维数组、二维数组和字符数组等。第5章为结构体、共用体和枚举类型。第6章为指针,包括指针的含义、一维数组的指针、二维数组的指针、二级指针等。第7章为函数,包括函数的构成、不同类型参数的函数、函数的多级调用、函数的指针和指向函数的指针变量、main函数的参数、动态内存管理函数等。第8章为变量的作用域和存储类别。第9章为预处理命令,包括宏、文件包含和条件编译等。第10章为文件,包括文件概述、文件的的打开和关闭、文件的顺序读写、文件定位和随机读写等。

我们相信,通过学习本书,读者将能够掌握C语言的基本语法和编程思想,为后续的学习和实践打下基础。学习编程需要耐心和毅力,但只要坚持下去,就一定会取得进步。

本书由于纯妍担任主编,李春庚担任副主编,赵恩宇和曲琛参编。其中第1、3~4、6~7章由于纯妍编写,第2、5和10章由李春庚编写,第8章由赵恩宇编写,第9章由曲琛编写。全书由于纯妍负责统稿。感谢大连海事大学信息科学技术学院计算机系"C语言课程组"的郭静寰老师、杨红老师、张海昕老师、陈军亮老师给予的大力支持,感谢高光谱遥感中心的宋梅萍教授给予的大量帮助。

本书内容虽然经过认真编写、修改,但错误之处在所难免。感谢读者选择本书,欢迎读者对本书内容提出批评和修改意见,我们将不胜感激。编者联系方式如下:

电子邮件地址:yucy@dlmu.edu.cn

通信地址:辽宁省大连市大连海事大学信息科学技术学院计算机系 于纯妍

邮政编码:116026

编者
2024年12月

目　录

第 1 章
概述

引言

程序是指用计算机语言编写的一系列指令的集合,描述了计算机要执行的操作和计算的步骤。实践应用场景中程序可用于开发各种类型的软件和应用,包括操作系统、应用程序、网站、自动化任务、数据处理、科学计算、人工智能等领域。

源程序不是直接可执行的程序,是程序员使用编程语言编写的原始代码。其通常以文本文件的形式存储,包含了程序的逻辑、算法和操作指令,实际使用需要经过编译等过程才能成为可供执行的程序或软件。

程序设计是指编写程序的过程,主要包括问题分析、算法设计、编程实现、测试和调试等环节。程序设计是计算机科学的核心内容之一,也是软件开发的基础。

计算机程序设计语言是用于编写计算机程序的形式化语言,包含特定的语法规则和结构,用于编写代码实现特定的程序功能。常见的程序设计语言包括 C、C++、Java、Python 等。不同的编程语言可以用于不同的应用领域,例如,C 语言常用于操作系统和底层硬件编程,Java 语言常用于 Web 应用程序和企业级应用程序开发,Python 语言则常用于数据分析、机器学习等领域。

1.1　C 语言课程目标

C 语言是一种通用的高级程序设计语言,由丹尼斯·里奇(Dennis Ritchie)于 1972 年在贝尔实验室开发,语法规则相对简单,易于学习和掌握,是结构化程序设计思想的代表。C 语言提供了丰富的数据类型和控制结构,可以实现各种算法和逻辑。C 语言的标准库提供了丰富的函数和数据类型,支持文件操作、字符串处理、数学计算等常用操作。C语言还具有指针和内存操作等高级特性,可以直接操作底层资源,能够编写出非常高效的程序。

"C语言程序设计"课程是计算机大类专业的核心课程。该课程的知识目标如下:

课程目标1:树立求实、科学的工作态度和扎实、严谨的工作作风。

课程目标2:能够掌握C语言的基础语法、语句、控制结构以及结构化程序设计的基本思想,能针对要解决的复杂系统进行算法设计。

课程目标3:能够对程序设计开发所要解决的用户需求问题进行抽象建模与表达。

课程目标4:能够掌握过程化编程思想,设计满足特定问题需求的系统功能化模块。

课程目标5:能够利用现代化的C语言开发集成环境对具体的开发需求进行程序编写、代码调试与维护。

1.2　C语言特点

C语言是一种相对简洁而高效的编程语言,通过提供基本的关键字、数据类型和语法规则,开发人员可以通过简单的语句实现复杂的操作。C语言的典型特点介绍如下:

(1)高级程序设计语言

高级语言是相对较为抽象的语言,面向用户或程序员,利用更高层次的概念和抽象来描述计算机任务和操作。而低级语言则更面向计算机硬件和体系结构,利用更直接的指令和操作。

(2)编译型程序设计语言

编译型语言的源代码在执行之前需要通过编译器将其转换为机器语言的形式,生成可执行文件,之后可以直接在目标计算机上运行。

(3)程序设计语言

面向过程语言是一种编程范式,强调程序的线性执行和逐步求解问题的方法。在面向过程语言中,程序被分解为一系列的过程或函数,每个过程或函数执行特定的任务。

(4)结构化程序设计语言

结构化程序设计语言是一种编程范式,强调使用结构化的控制流程来组织程序,其目标是提高程序的可读性、可维护性和可靠性。

1.3　C语言与其他语言的区别

1. C语言和Java的主要区别

(1)两者的编程思想不同。

C语言是面向过程的编程语言,而Java则是一种面向对象的编程语言。面向过程的编程语言强调步骤和流程,而面向对象的编程语言则强调对象和类的概念。

（2）两者的运行方式不同。

C语言是编译型编程语言,编写的程序在不同的操作系统和硬件平台运行前,需要重新编译;而Java是解释型编程语言,通过虚拟机将Java程序编译成中间代码,在不同的平台运行前无须重新编译,即"一次解释,到处执行"。

（3）两者的执行效率不同。

C语言程序通常比Java程序执行效率更高。由于C语言编译后直接转换成机器码执行,适用于底层开发领域;而Java程序具有更好的可移植性和更高的开发效率,适用于大型项目和复杂软件的开发。

2. C语言与Phyton的区别

（1）两者的语法不同。

C语言是一种结构化编程语言,有比较严格的语法规则和语义,需要手动管理内存和变量类型;而Python是一种解释型编程语言,语法相对简单,具有更高的可读性和可维护性。

（2）两者的应用场景不同。

C语言语法复杂,特别是指针部分,但因其具备高效的性能和直接的硬件访问能力,通常用于系统级编程和嵌入式开发;Python具有丰富的库和框架,易于学习和使用,广泛应用于科学计算、数据分析、Web开发、人工智能等领域。

（3）两者变量声明方式不同。

C语言是一种静态类型语言,需要在编译时确定变量类型;而Python是一种动态类型语言,变量类型在运行时确定。

1.4　简单的C程序及其运行方法

1.4.1　Dev-C++开发运行环境介绍

1. Dev-C++简介

Dev-C++是一个免费的、开源的C语言集成开发环境(IDE),适用于Windows操作系统。其通过提供直观、用户友好的界面,使得开发人员实现轻松地编写、调试和运行程序。同时,Dev-C++还具备可扩展性及轻量级特性。一方面,可以通过插件扩展其功能,例如添加新的编译器、调试器等;另一方面,相比于其他IDE,Dev-C++是较为轻量级的软件,占用的系统资源较少。

2.安装Dev-C++的步骤

首先,在Dev-C++的官方网站(https://sourceforge.net/projects/orwelldevcpp/)上下载Orwell版Dev-C++的安装程序,在此环节,可以选择最新版本的安装程序并下载到本地。

接着,双击下载的安装程序,然后按照提示进行安装。在安装过程中,可以选择安装路径和其他一些选项,具体过程如下。

（1）进入官网后点击Download进入下载页面(见图1.1)。

图 1.1 Dev-C++下载页面

（2）下载完成后,点击进入安装程序(见图 1.2 至图 1.5)。

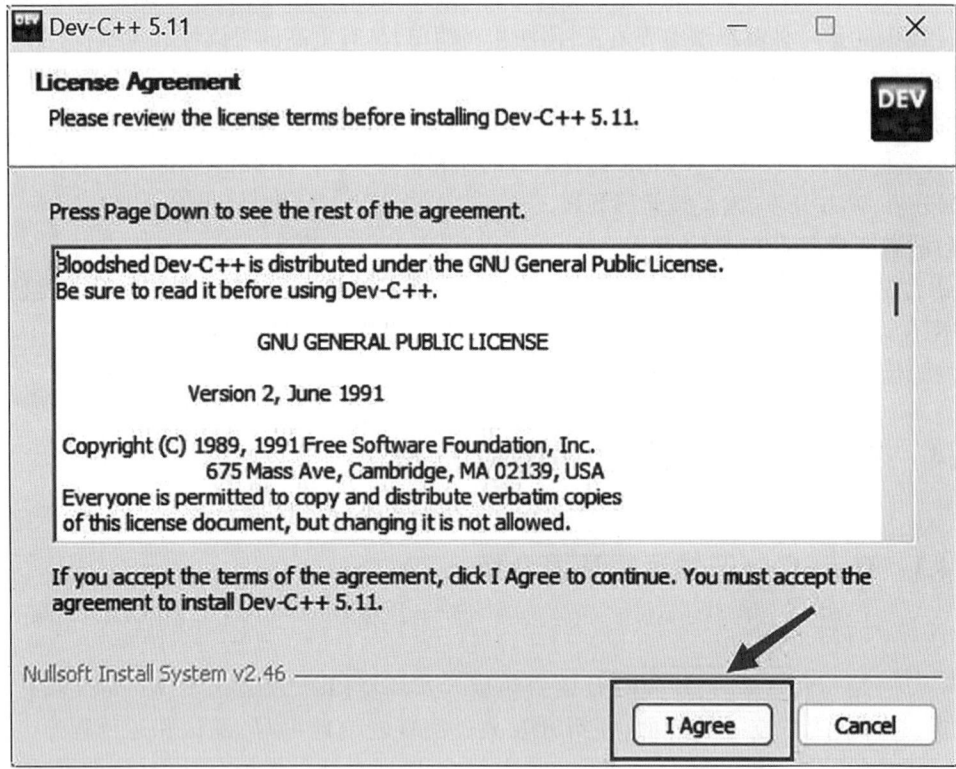

图 1.2 Dev-C++安装页面-1

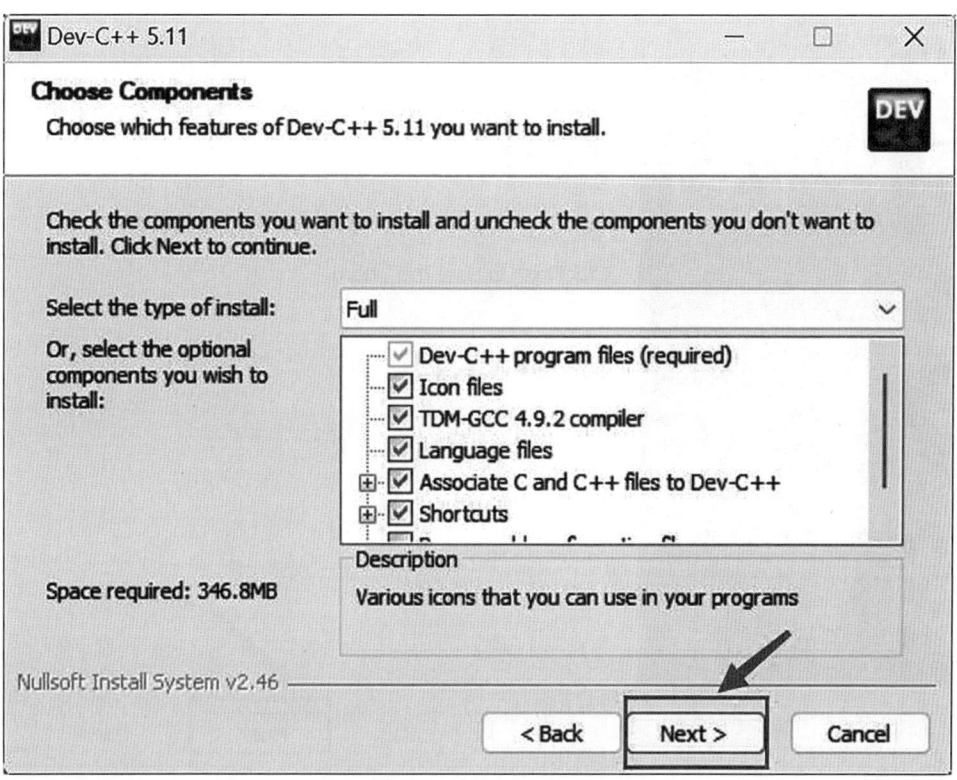

图 1.3　Dev-C++安装页面-2

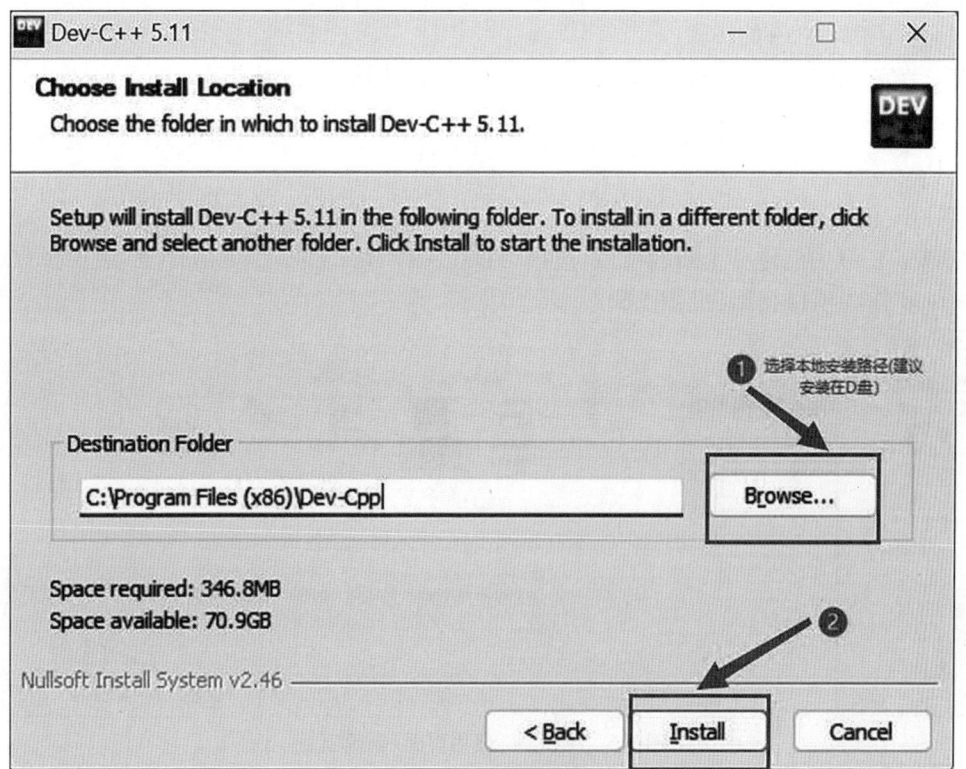

图 1.4　Dev-C++安装页面-3

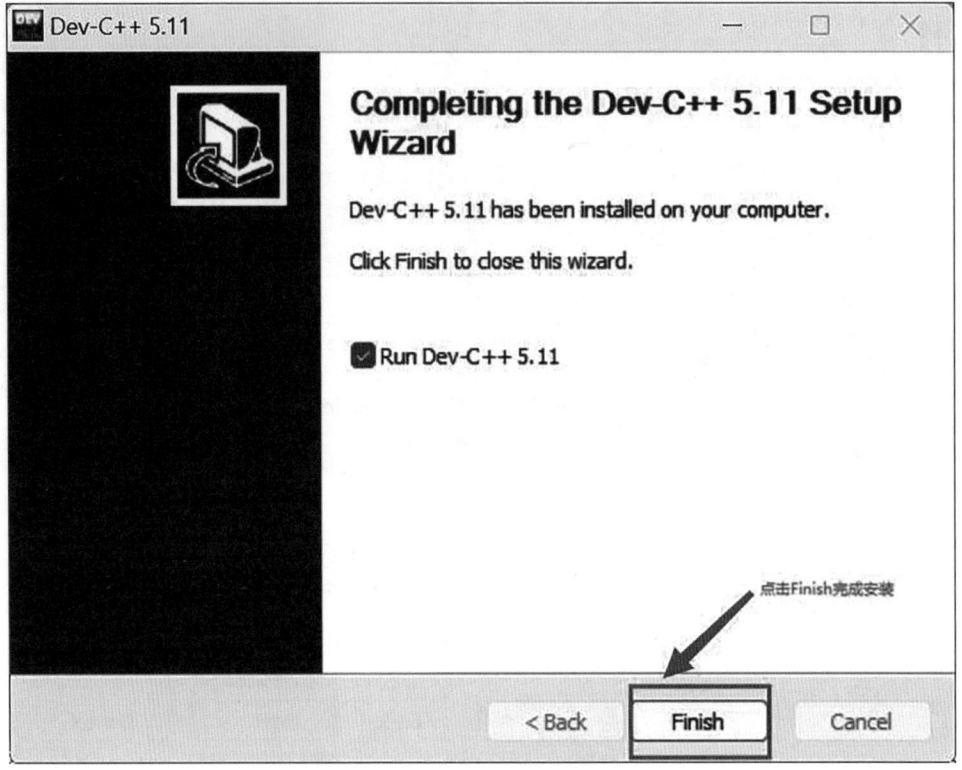

图 1.5　Dev-C++安装页面-4

（3）使用 Dev-C++的步骤

在安装完成后,可以在开始菜单中找到 Dev-C++的快捷方式,双击运行即可启动 Dev-C++。以下演示 Dev-C++开发环境的使用。

3. Dev-C++的使用

第一步,创建文件。

在 Dev-C++中创建一个新的项目,选择"File"-> "New"-> "Project",然后选择"Console Application"作为项目类型(见图 1.6)。

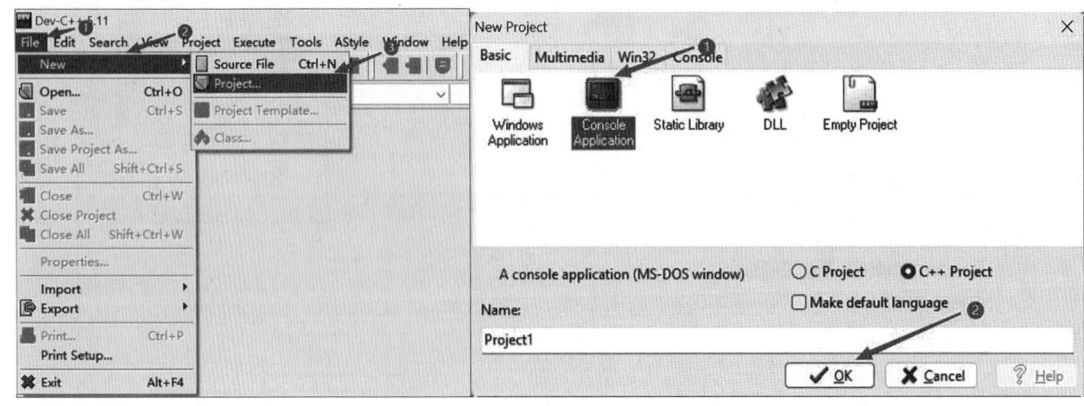

图 1.6　Dev-C++使用页面-新建项目

第二步,选择 C 或 C++作为编程语言,然后输入项目名称和保存路径并点击"OK"(见图 1.7)。

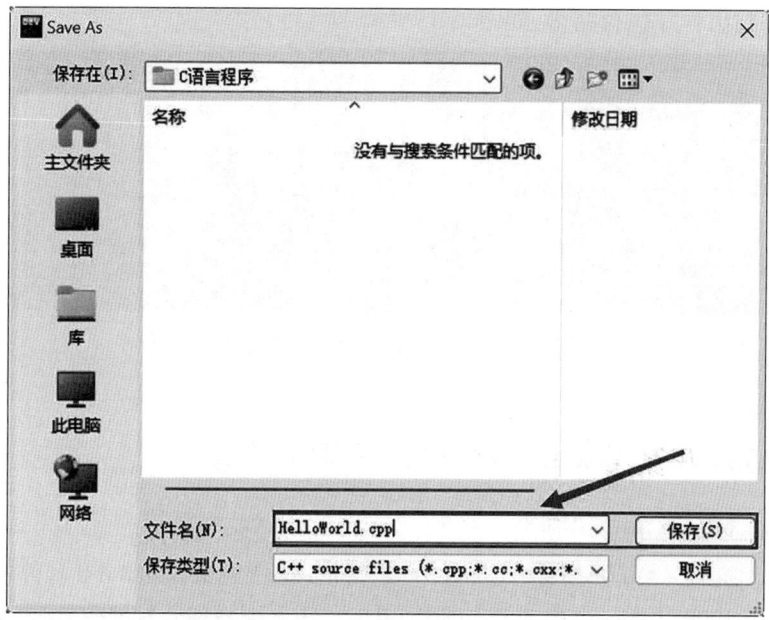

图 1.7　Dev-C++使用页面-新建文件

第三步,编写程序代码(见图 1.8)。

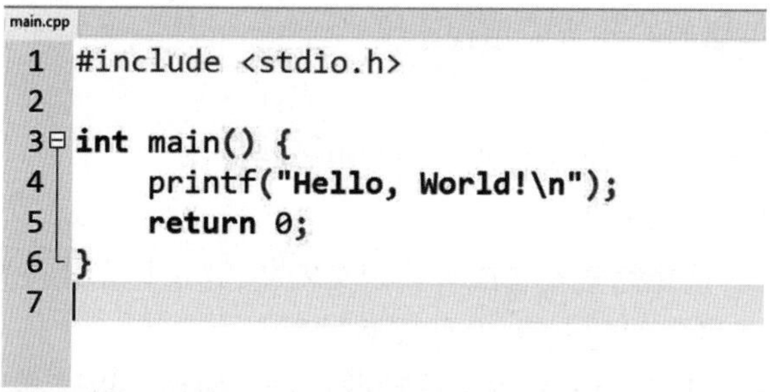

```
main.cpp
1  #include <stdio.h>
2
3  int main() {
4      printf("Hello, World!\n");
5      return 0;
6  }
7
```

图 1.8　Dev-C++使用页面-编写程序代码

第四步,编译程序。在代码编写完成后,选择"Compile & Run"选项来编译和运行要执行的程序(见图 1.9)。

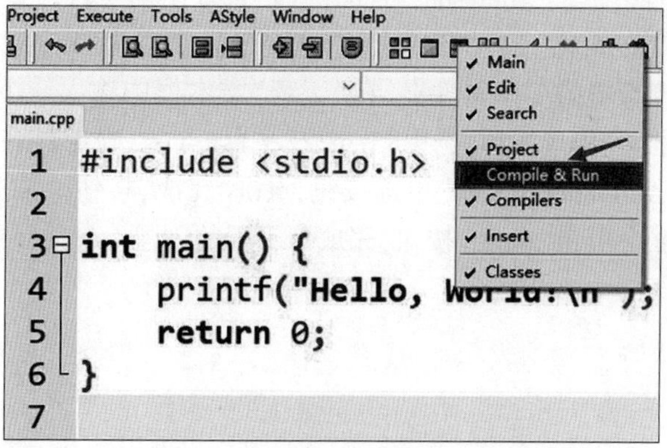

图 1.9　Dev-C++使用页面-编译和运行要执行的程序

第五步,当程序出现问题时,转到第三步,进行错误代码的修改,直至修改正确能成功运行;当程序无误时,输出程序执行结果,如图1.10所示。

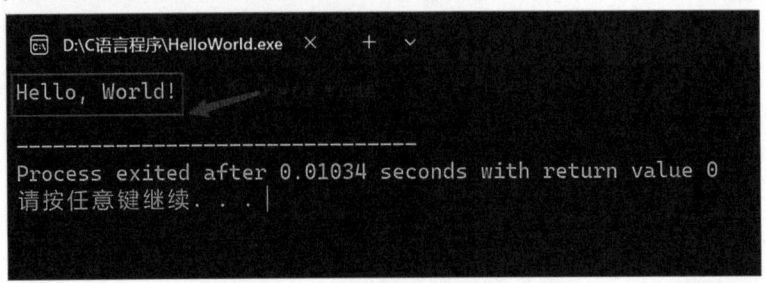

图 1.10   Dev-C++使用页面-运行结果

1.4.2   Microsoft Visual C++开发运行环境介绍

1. Microsoft Visual C++ 6.0 简介

Microsoft Visual C++ 6.0(简称 VC++ 6.0)是 Microsoft Visual Studio 6.0 套件的一部分,是由微软公司发布于1998年的一款集成开发环境(IDE),用于编写和开发 C++程序,对 C 语言的开发完全支持。VC++ 6.0 提供了一系列工具和功能,具有强大的编辑器、丰富的工具集、可扩展性和兼容性强等特点,是一个强大、可扩展且具有优秀的代码生成器的集成开发环境,能够帮助开发人员创建高性能、可靠的 C 语言应用程序。

2. VC++ 6.0 的安装

首先,通过光盘、安装文件或者下载等手段获得安装程序。

接着,双击安装程序,启动安装向导。

然后,接受许可协议,选择完整安装或者自定义安装,并选择安装位置及组件。

最后,点击"安装"或者类似的按钮,开始安装过程。

安装完成后,安装程序通常会显示安装成功的消息。你还可以选择启动 VC++ 6.0 或者相关工具。

3. VC++ 6.0 的使用

第一步,从"开始"菜单运行 Microsoft Visual C++,选择菜单"文件"→"新建"命令,打开"新建"对话框。如图1.11所示,在"工程"选项卡中选定工程类型为"Win32 Console Application",在"位置"文本框中指定希望的工作文件夹,在"工程"文本框中输入一个和实际问题相关的工程名,选择"创建新工作区"单选按钮,选中"Win32"平台,点击"确定"按钮。如图1.12所示,在打开的对话框中选择"An empty project"单选按钮,点击"完成"按钮。如图1.13所示,在打开的"新建工程信息"对话框中单击"确定"按钮,完成新工程的创建。

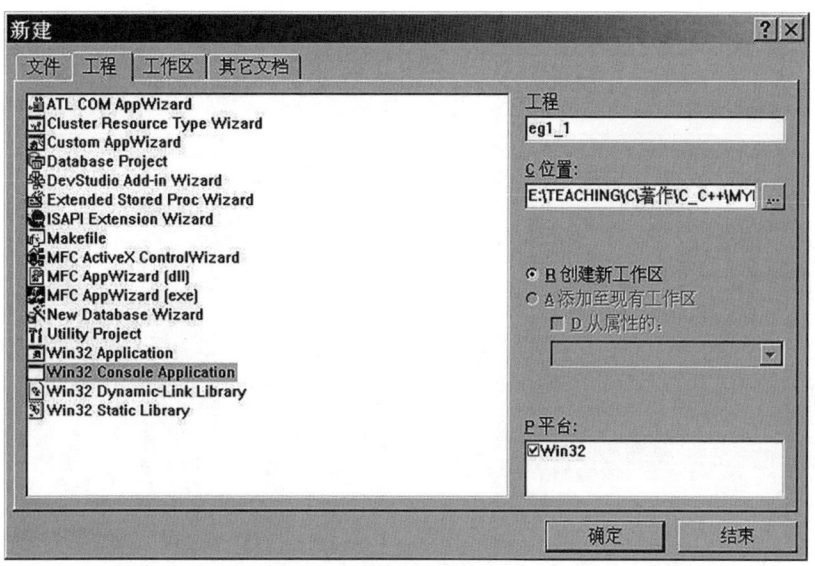

图 1.11 工程类型、工程存储位置和为新建工程取名的对话框

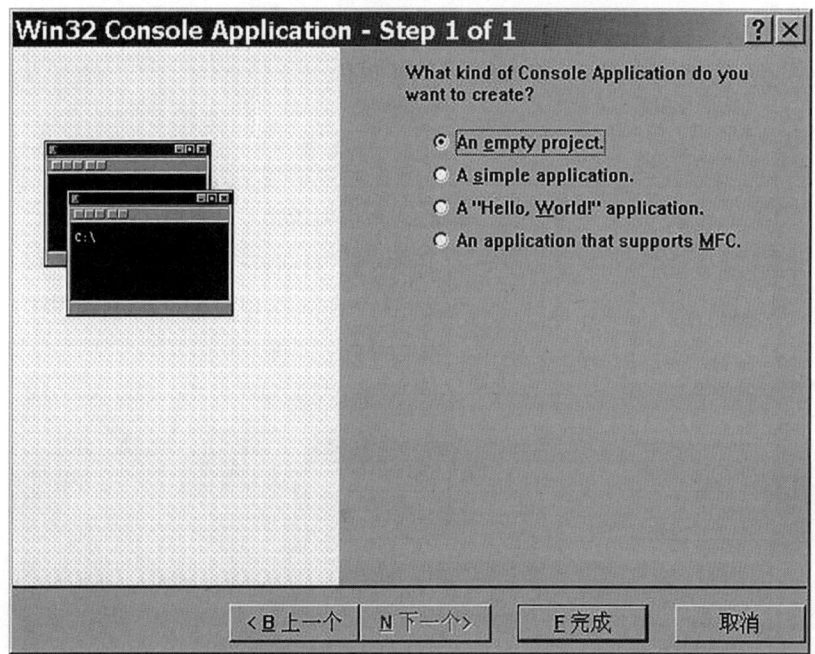

图 1.12 控制台应用类型选择对话框

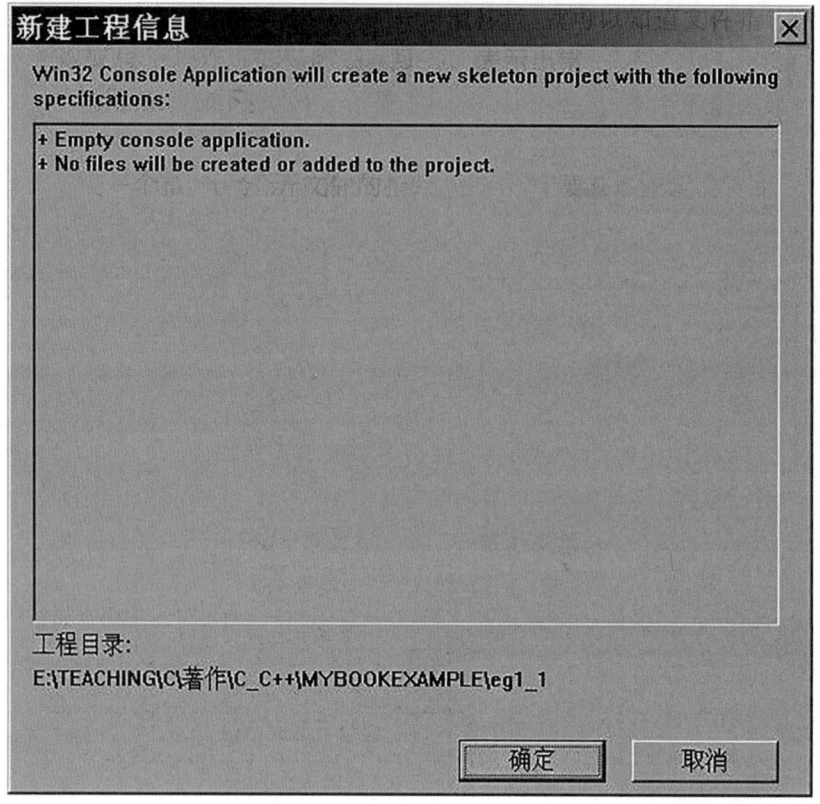

图 1.13　新建工程信息对话框

　　第二步,再选择"文件"→"新建"命令,打开"新建"对话框,从"文件"选项卡中选定文件类型为"C++ Source File",在"文件"文本框中输入一个和问题相关的文件名,如图 1.14 所示,点击"确定"按钮。

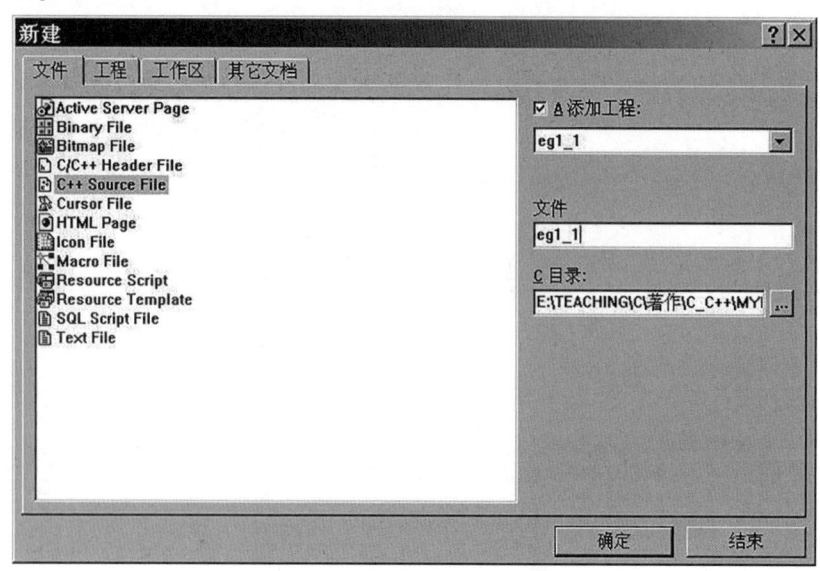

图 1.14　在工程内创建文件对话框

第三步,如图 1.15 所示,在右侧编辑区输入程序代码。

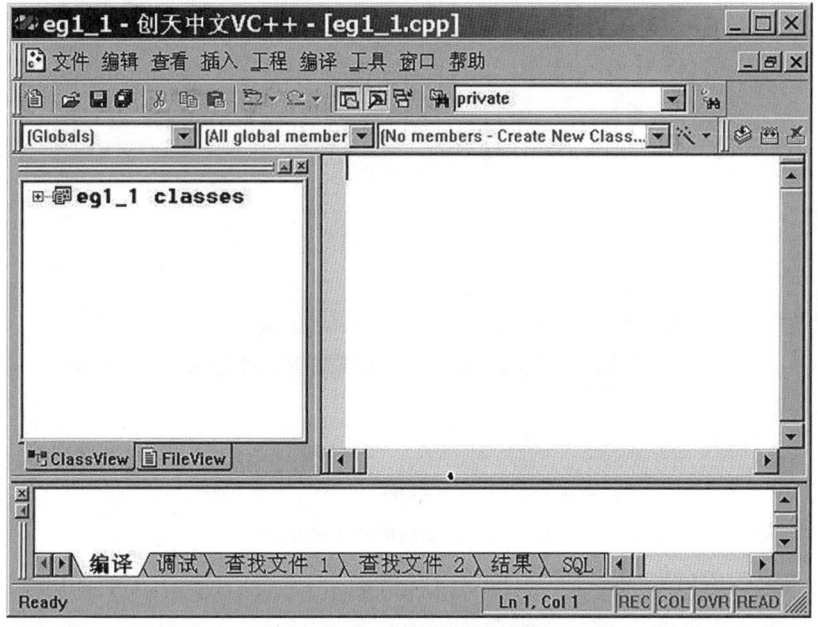

图 1.15　源代码输入编辑界面

第四步,如图 1.16 所示,选择"编译"→"执行"菜单命令,或按组合键"Ctrl+F5",或单击工具栏"!"按钮,编译并运行该程序。

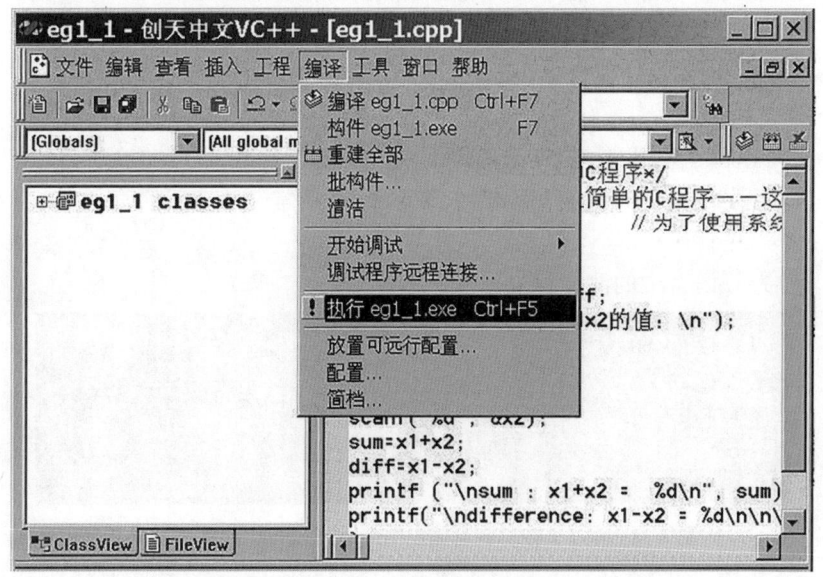

图 1.16　运行程序

第五步,如果有语法错误,错误信息会提示在下方的编译窗口,双击错误信息提示行,会有蓝色的箭头定位到程序中错误出现处,修改错误,如图 1.17 所示。

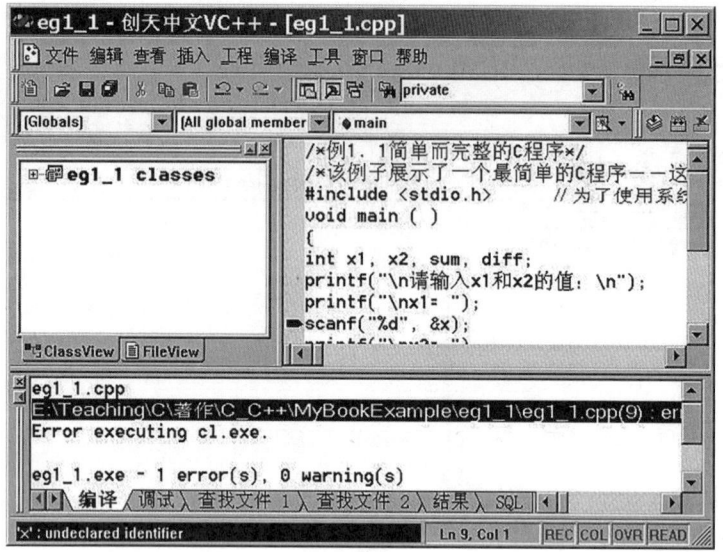

图 1.17　错误信息提示和定位

第六步,重复步骤五完成其他错误的定位和修改。

1.4.3　C 程序举例

例 1.1:Hello World 程序,该程序的功能是在控制台输出 "Hello, World!"(见图 1.18)。
代码如下:

#include <stdio.h>//预处理指令

int main( )｛

　　printf("Hello, World! \n");// printf 是一个输出函数,用于将文本打印到控制台。

　　return 0;// main 函数的返回语句,表示程序正常结束。返回值为 0 表示程序成功
执行。

　｜其中"//"为 C 语言中的注释符号

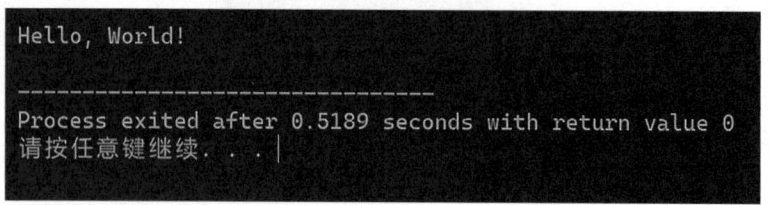

Hello, World!

————————————————————————————————————
Process exited after 0.5189 seconds with return value 0
请按任意键继续. . .

图 1.18　例 1.1 在控制台输出"Hello, World!"的输出结果

例 1.2:加法程序,该程序的功能是接收用户输入的两个整数,计算两者的和,并将结果输出
到控制台(见图 1.19)。

#include <stdio.h>

int main( )｛

　　int num1, num2, sum;//定义了三个变量:num1、num2 和 sum,分别用于存储用户输入
的两个整数和计算的和。

printf("请输入第一个整数:");// 使用 printf 函数向用户提示输入第 1 个整数,
scanf("%d", &num1);//通过 scanf 函数接收用户输入的值,并将其存储到 num1 变量中。

printf("请输入第二个整数:");// 使用 printf 函数向用户提示输入第 2 个整数,
scanf("%d", &num2); //通过 scanf 函数接收用户输入的值,并将其存储到 num2 变量中。

sum = num1 + num2;//通过将 num1 和 num2 相加,将计算结果存储到 sum 变量中。
printf("两个整数的和是:%d\n", sum);// 使用 printf 函数将计算得到的和输出到控制台。

return 0;// main 函数的返回语句,表示程序正常结束。返回值为 0 表示程序成功执行。
}

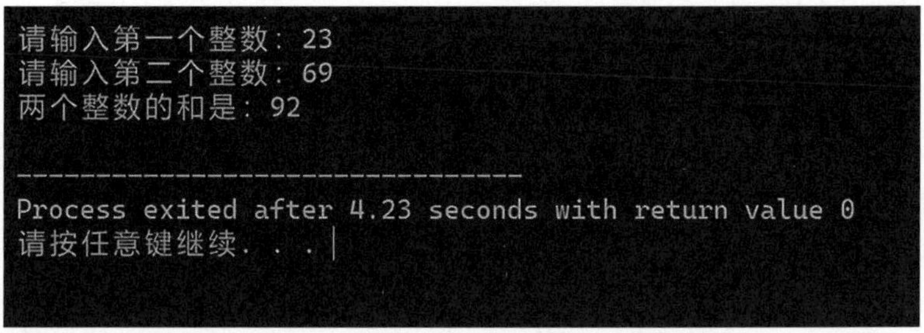

```
请输入第一个整数: 23
请输入第二个整数: 69
两个整数的和是: 92

--------------------------------
Process exited after 4.23 seconds with return value 0
请按任意键继续. . .
```

图 1.19　例 1.2 输入两个整数计算和的输出结果

1.5　格式化输出输入函数 printf( )和 scanf( )

C 语言本身并不提供输出输入语句,其输出输入功能是通过调用外部的输出输入函数来实现的。在使用 C 语言标准函数时,需要使用预编译命令"#include"将包括了标准函数的相关信息息的"头文件"包括到用户源文件中。

1.5.1　printf 函数

printf 函数是 C 语言的标准库函数之一,其原型定义在 <stdio.h> 头文件中,基本功能是向终端或系统隐含指定的输出设备输出若干个任意类型的数据。

1.语法格式

printf("格式控制",输出列表)

printf( )函数根据自定义"格式控制"的约束,输出"输出列表"。其中,格式控制总是由%和格式字符构成,规定了输出项的输出格式,格式控制字符串中的非格式控制内容原样输出。

2.格式字符

%d:用于输出整数类型。

13

%f:用于输出浮点数类型。

%c:用于输出字符类型。

%s:用于输出字符串类型。

注意事项:对不同类型的数据一定要用不同的格式字符,否则输出结果不可预知。

3.格式控制补充说明

%d,按实际长度输出。

%md:m 为整数,表示输出数据至少所占的列数,如果实际宽度小于 m,左补空格;否则按实际数输出。

%ld:按长整型输出。

%mld:m 为长整型的输出宽度。

o 格式符:按照八进制形式输出整数。

x 格式符:按照十六进制形式输出整数。

u 格式符:以十进制形式输出无符号(unsigned)整型数据。

本质上,整数在计算机内部的二进制形式是固定的,不同的格式输出就是以不同的形式,或者说是以不同的视角来看这个数。

4.程序举例

例 1.3:程序功能是利用 printf( ) 函数输出一个整数、一个浮点数、一个字符和一个字符串(见图 1.20)。

```c
#include <stdio.h>
int main( ) {
    int num = 10;
    float pi = 3.141590;
    char letter = 'A';
    char name[ ] = "John";

    printf("整数:%d\n", num);
    printf("浮点数:%f\n", pi);
    printf("字符:%c\n", letter);
    printf("字符串:%s\n", name);
    return 0;
}
```

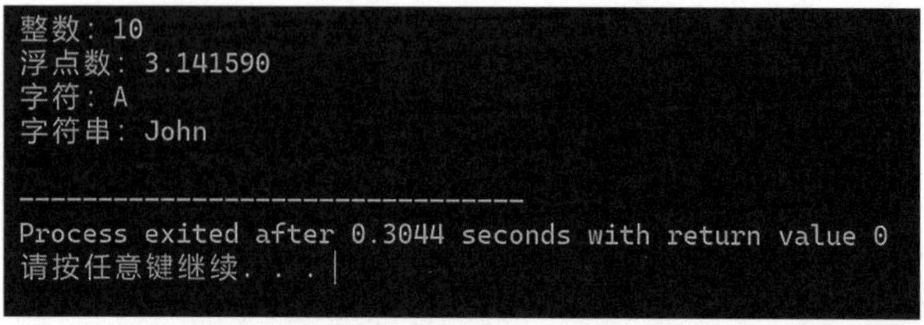

```
整数：10
浮点数：3.141590
字符：A
字符串：John

-----------------------------------
Process exited after 0.3044 seconds with return value 0
请按任意键继续. . . |
```

图 1.20 例 1.3 使用 C 语言程序输出一个整数、一个浮点数、一个字符和一个字符串

1.5.2 scanf 函数

scanf 函数是 C 语言的标准库函数之一,其原型也定义在 <stdio.h> 头文件中,基本功能是从标准输入设备(通常是键盘)读取输入内容,并将其存储到对应的变量中。

1.语法格式

scanf(格式控制,地址列表)

scanf()函数根据自定义"格式控制"的约束,将数据输入"地址列表"。其中,格式控制总是由%和格式字符构成,规定了输入项的输入格式,格式控制字符串中的非格式控制内容原样输入。

2.格式说明

scanf 函数的格式说明与 printf 函数相同。

3.scanf 函数执行中应注意的问题

(1)scanf 函数中"格式控制"后面应是变量地址,而不仅是变量。

(2)格式控制符匹配:确保格式字符串中的格式控制符与要读取的输入的类型相匹配。如果不匹配,可能会导致错误的输入或未定义的行为。

(3)输入缓冲区问题:输入缓冲区中的换行符或空格会在后续的 scanf()函数调用中被读取。为了解决这个问题,可以在格式控制符前加一个空格,如 " %c",用于跳过前面的换行符或空格;或者在适当位置利用 getchar()函数主动获取多余字符。

(4)如果"格式控制"字符串中还有其他字符,输入时应原样输入。

例如 scanf("a=%d, b=%d", &a, &b);

输入时可以输入:a=12, b=23。

(5)在用"%c"格式输入字符时,空格字符和"转义字符"都作为有效字符输入。

例如 scanf("%c%c%c", &c1, &c2, &c3);

如果输入时,输入 a b c,则相当于输入了 a b(a 空格 b)。

(6)在输入数据时,遇到以下情况该数据认为结束:

①空格、回车或"跳格"Tab。

②遇到宽度结束,如"%3d",只取 3 列。

③遇到非法输入。

例如 scanf("%d%c%f", &a, &b, &c);

当输入 1234a123o.26 时,则获得到的数据为 1234、a 和 123.0。

4.程序举例

例 1.4:程序功能是利用 scanf()函数分别接收一个整数、一个浮点数、一个字符和一个字符串的输入(见图 1.21)。

```
#include <stdio.h>
int main() {
    int num;
    float pi;
```

```
char letter;
char name[20];

printf("请输入一个整数:");
scanf("%d", &num);

printf("请输入一个浮点数:");
scanf("%f", &pi);

printf("请输入一个字符:");
scanf(" %c", &letter);    //注意空格,用于跳过前面的换行符或空格

printf("请输入一个字符串:");
scanf("%s", name);

printf("您输入的整数是:%d\n", num);
printf("您输入的浮点数是:%f\n", pi);
printf("您输入的字符是:%c\n", letter);
printf("您输入的字符串是:%s\n", name);

return 0;
}
```

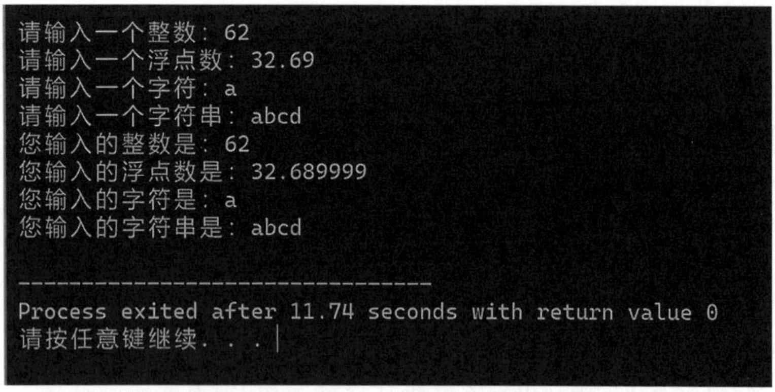

```
请输入一个整数: 62
请输入一个浮点数: 32.69
请输入一个字符: a
请输入一个字符串: abcd
您输入的整数是: 62
您输入的浮点数是: 32.689999
您输入的字符是: a
您输入的字符串是: abcd

--------------------------------
Process exited after 11.74 seconds with return value 0
请按任意键继续. . .
```

图 1.21   例 1.4 输入一个整数、一个浮点数、一个字符和一个字符串

练习题

1.练习在 VC++环境或 De-VC++环境中,编写 Hello World 程序。

第 2 章

基本数据类型和运算符

引言

程序设计语言的运用首先要了解的是基本数据类型和运算符,它们是构建任何编程语言的基础。基本数据类型指的是编程语言中最基本的数据单元,如整数、浮点数、符号等;而运算符则是用于对这些数据进行操作和计算的符号或关键字。通过学习基本数据类型和运算符,可以更好地理解程序的运行原理,并能够编写出更加高效和精确的代码。

本章介绍 C 语言的基本数据类型以及各种常见的运算符,通过学习这些内容,为后续章节提供语法基础。

2.1 变量与常量

数据类型是计算机编程语言中的基础概念,用于定义和描述数据的特性和操作。它规定了不同类型数据的存储方式、范围和可进行的操作,通过选择合适的数据类型实现有效地管理内存并执行适当的操作。

在 C 语言中,变量与常量是基本的语法概念。

1.变量

顾名思义,变量是指在程序运行过程中,其值是变化的量。

声明变量:在使用变量之前,需要先进行声明。在声明变量时,需要先对变量进行命名。C语言中的量值命名规则为,量值也称为标识符,由字母、数字和下划线组成,且必须以字母或下划线开头。

语法:类型 变量名;

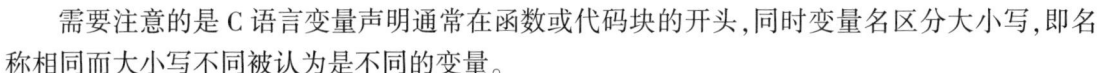

需要注意的是 C 语言变量声明通常在函数或代码块的开头,同时变量名区分大小写,即名称相同而大小写不同被认为是不同的变量。

例如:int age; // 声明了一个名为 age 的整型变量。

初始化变量:C 语言变量可以在声明的同时进行初始化,即给变量赋予初始值。

语法格式:类型 变量名 = 初始值;。

例如:int age = 20;声明并初始化了一个名为 age 的整型变量。

赋值变量:在程序执行过程中,可以使用赋值操作符" = "来给变量赋新的值。

例如:age = 25; //将 age 变量的值更改为 25。

2.常量

与变量不同,常量是指在程序运行过程中,其值是固定的,即不能改变的量。

声明常量的语法为:#define 常量名　固定值

常量名也要符合标识符的命名规则,通常使用大写字母命名,以便与变量区分。

例如:#define PI 3.14　// 声明了一个名为 PI 的符号常量。

2.2　基本数据类型

C 语言的基本数据类型包括整型、浮点型、字符型三种。数据类型的语法知识包括数据类型的关键字和相关使用说明,以下分别介绍三种基本数据类型。

2.2.1　整型

1.整型变量声明

C 语言提供了几种整型数据类型,每种类型占用不同的存储空间并表示不同的值的范围。实际使用过程中根据需求与处理的数据范围选择适当的类型。

整型变量定义的关键字为 int,通常占用 4 个字节(32 位),表示的整数值包括正数、负数和零。该类型的范围取决于编译器和机器架构,但通常表示的范围至少为 - 2147483648 到 2147483647,是最常使用的类型。

短整型:定义的关键字为 short,用于表示较小范围整数的整型数据类型。

长整型:定义的关键字为 long,用于表示较大范围整数的整型数据类型。

详细来说,C 语言的整型类别包括以下 6 种:

(1)基本整型 int。

(2)长整型 long int 或简写成 long。

(3)短整型 short int 或简写成 short。

(4)无符号整型 unsigned int 或简写成 unsigned。特别注意的是,无符号变量不能用于存储负数。

(5)无符号长整型 unsigned long int 或简写成 unsigned long。

（6）无符号短整型 unsigned short int 或简写成 unsigned short。

2. 整型常量

在 C 和 C++中，整型常量有以下 3 种常用的进制形式。

十进制整数。如 23，–23。

八进制整数。以 0 开头表示。如 023，即（23）8 = 2×81+3×80 =（19）10；–023，即（–23）8 = –（2×81+3×80）=（–19）10。

十六进制整数。以 0x 开头来表示。如 0x23，即（23）16 = 2×161+3×160 =（35）10；–0x23，即（–23）16 = –（2×161+3×160）=（–35）10。

3. 程序举例

例 2.1：定义两个整数，并将两者的和与积进行输出（见图 2.1）。

```c
#include <stdio.h>
int main() {
    int num1, num2, sum, product;
    num1 = 10;
    num2 = 5;
    sum = num1 + num2;
    product = num1 * num2;
    printf("The sum of %d and %d is %d\n", num1, num2, sum);
    printf("The product of %d and %d is %d\n", num1, num2, product);
    return 0;
}
```

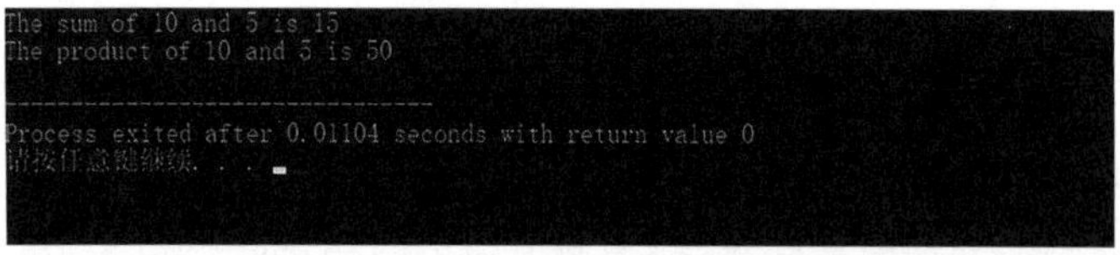

```
The sum of 10 and 5 is 15
The product of 10 and 5 is 50
--------------------------------
Process exited after 0.01104 seconds with return value 0
请按任意键继续. . .
```

图 2.1 例 2.1 两个整数的和与积的运算结果

例 2.2：利用整型数据类型来定义船员的年龄并输出（见图 2.2）。

```c
#include <stdio.h>
int main() {
    int crewMember1Age = 28;
    int crewMember2Age = 35;
    printf("Crew member 1 is %d years old.\n", crewMember1Age);
    printf("Crew member 2 is %d years old.\n", crewMember2Age);
    return 0;
}
```

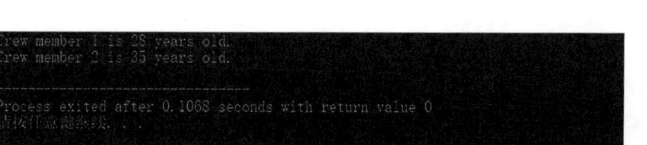

图 2.2　例 2.2 船员年龄的定义与输出运行结果

2.2.2　浮点型

1.浮点型变量声明

浮点型用于表示带有小数部分的数据。C 语言提供了两种浮点型:单精度浮点型和双精度浮点型。

单精度浮点型:关键字为 float,用于表示单精度浮点数,通常占用 4 个字节的内存。其可以用小数形式表示(例如 3.14)或指数形式表示(例如 1.23e-4)。

双精度浮点型:关键字为 double,用于表示双精度浮点数,通常占用 8 个字节的内存。其可以表示更大范围的数值,并具有更高的精度。与 float 型相比,double 型的精度更高,但占用的内存空间也更大。

由于浮点数的二进制表示存在精度限制,因此存在有效数字位数的问题。有效数字是指一个数值中具有意义和精确度的数字位数,用于表示测量结果或计算结果的精确程度。一般来说,对于单精度浮点型来说,有效数字为 6 或者 7;对于双精度浮点型来说,有效数字为 15 或者 16。

2.浮点型常量

浮点型常量有小数和指数两种形式。如 123.4567、0.123、.123、123.0、123.、0.0 等都是正确的小数形式浮点型常量;如 12.3e3(12.3 乘以 10 的 3 次方)、12.3e-5(12.3 乘以 10 的-5 次方)都是正确的指数形式浮点型常量。

3.程序举例

例 2.3:输入圆的半径,并通过相应的公式计算圆的面积和周长(见图 2.3)。

```
#include <stdio.h>
int main( ) {
    float radius;
    float area;
    float circumference;
    printf("Enter the radius of a circle: ");
    scanf("%f", &radius);
    area = 3.14159 * radius * radius;
    circumference = 2 * 3.14159 * radius;
    printf("The area of the circle is: %.2f\n", area);
    printf("The circumference of the circle is: %.2f\n", circumference);
    return 0;
```

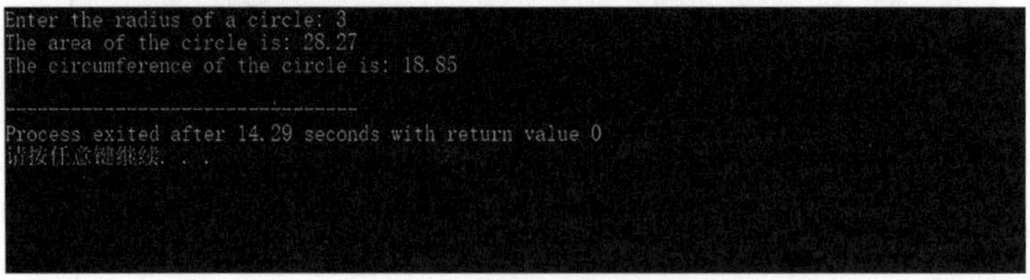

```
Enter the radius of a circle: 3
The area of the circle is: 28.27
The circumference of the circle is: 18.85
------------------------------------
Process exited after 14.29 seconds with return value 0
请按任意键继续. . .
```

图 2.3   例 2.3 的运行结果

2.2.3   字符型

1.字符型变量声明

字符型用于表示单个字符,关键字为:char,char 型占用 1 个字节的内存空间,在实际使用中,可用于表示字母、数字、标点符号和特殊字符。

2.字符型常量

(1)单引号引起的一个字符,如'a'、'B'、'7'等,注意:字符型常量一定是一个字符,单引号引起的多个字符是非法的语言形式,如'abc'则为不合法形式。

(2)单引号引起的转义字符,如'\n'、'\t'等。转义字符及其意义如表 2.1 所示。

表 2.1   转义字符及其意义

转义字符	意义	ASCII 码
\n	换行,将光标(当前位置)移到下一行开头	10
\b	退格符,将光标移到前一个字符处	8
\r	回车符,将光标移到本行开头(不换行)	13
\t	水平制表符(tab 键),跳到下一个制表位置(Turbo C 中每一个制表区域占 8 个字符宽度)	9
\"	双引号字符	34
\'	单引号字符	39
\\	反斜杠字符	92
\0	null(ASCII 码的空操作字符),其可以作为字符串的结束标志	0
\N	N 为 1 到 3 位八进制 ASCII 码代表的字符	
\xN	N 为 1 到 2 位十八进制 ASCII 码代表的字符	

3.字符型变量在内存中的存储形式及使用方法

计算机是通过存储字符的 ASCII 码来存储字符的。把字符型常量赋给字符型变量就是把该常量的 ASCII 码(一个整数)存入该变量的地址,存储形式与整型数相同。基于以上存储方式,C 语言中字符型数据和整型数据之间可以通用,也就是说一个字符型量值既可以字符形式输出又可以整型数形式输出。同样,整型量值也可以字符形式进行输出。

4.程序举例

例2.4：字符型和整型通用性(见图2.4)。

```c
#include<stdio.h>
int main()
    {char c1;
    int c2;
    c1=97;
    c2='a'-32;
    printf("%c, %d, %c, %d", c1, c1, c2, c2);
    return 0;
    }
```

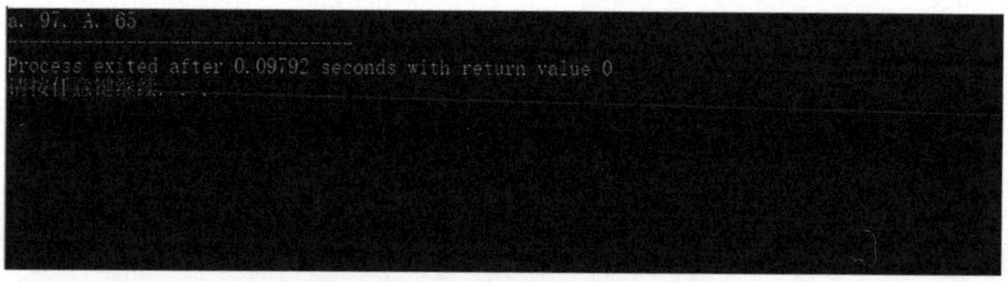

图2.4　例2.4的运行结果

例2.5：输入船员的性别并进行输出(见图2.5)。

```c
#include <stdio.h>
int main() {
    char gender;
    printf("Enter the gender of the crew member (M/F): ");
    scanf(" %c", &gender);
    printf("The crew member is %c.\n",gender);
    return 0;
}
```

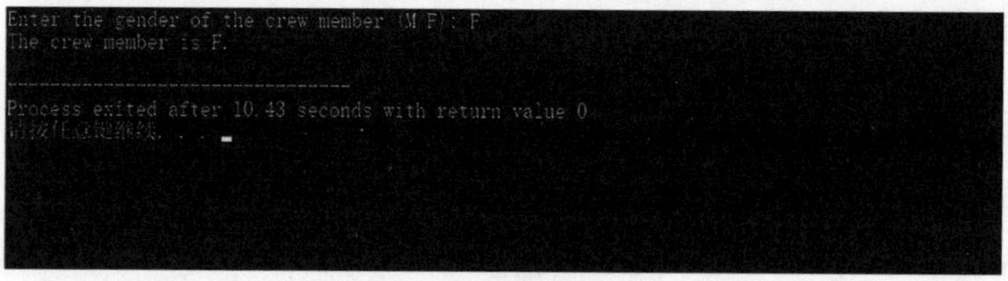

图2.5　例2.5的运行结果

2.2.4　字符串常量

1.基本语法

在C语言中没有明确的字符串类型关键字,即无法声明字符串变量。C语言中可以表示字符串常量,其语法格式是用双引号括起来的一个或多个字符。如"How are you?",

"CHINA","a","123"都是正确的字符串常量。需要注意区分,不能把字符串常量赋给字符变量。例如:

    char c; //第一行

    c="a"; //第二行

上述第一行语法是正确的,而第二行语法是错误的。其原因在于字符和字符串在内存中的存储机制不同。字符串后面有一个结束标志(\0)。\0 是一个 ASCII 为 0 的字符,即空操作。从语法格式上说,'a'表示字符,占据当前系统规定的一个字符的内存;而'a'是字符串,它是由两个字符组成的,其中一个是字符'a',另一个是表示字符串结束的字符'\0',实际占据了两个字符的内存。

2.程序举例

例 2.6:字符串结束标记的作用(见图 2.6)。

```
#include<stdio.h>
int main( )
{
printf("\n%s","abcdef");
printf("\n%s\n","abc\0def");
}
```

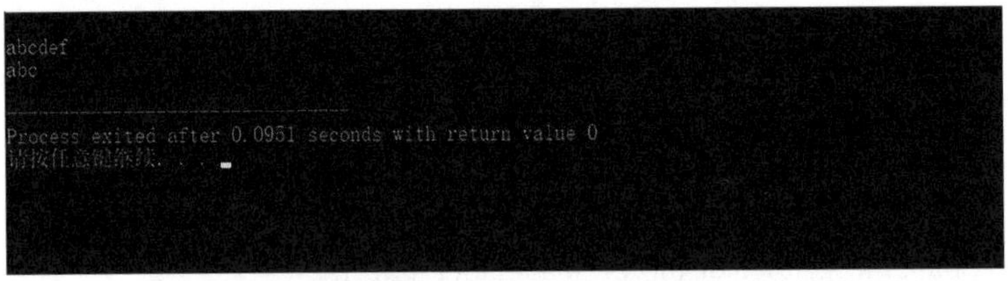

图 2.6　例 2.6 字符串结束标记的作用运行结果

2.3　运算符

运算符是用于执行特定操作或计算的符号或符号组合。在计算机编程语言中,运算符用于操作和处理数据,通过合理使用运算符能够实现各种复杂的程序逻辑和算法。

概括来说,C 语言的基本运算符包括算术运算符、赋值运算符、关系运算符、逻辑运算符及其他常见运算符。对于运算符的语法来说,不同的运算符对应不同的运算规则。此外,当多个运算符做混合运算时,要根据运算符的优先级和结合性进行。其中,优先级是指在混合运算表达式中,先算哪种运算(优先级最高),后算哪种运算(优先级较低),再算哪种运算(优先级更低);结合性是指在混合运算表达式中,连续的几个优先级相同的运算,应该从左向右依次运算,还是应该从右向左依次运算。

表 2.2 是 C 语言常见运算符的优先级和结合性,按照优先级从高到低的顺序进行排序。

表 2.2　运算符的优先级和结合性

优先级	运算符	名称或含义	结合性	说明
1	( )	圆括号	左到右	——
	[ ]	数组		——
	.	成员选择(对象)		——
	->	成员选择(指针)		——
2	-	负号	右到左	单目运算符
	(类型)	强制类型转换		——
	++	前置自增		单目运算符
	++	后置自增		单目运算符
	--	前置自减		单目运算符
	--	后置自减		单目运算符
	*	取值运算符		单目运算符
	&	取地址运算符		单目运算符
	!	逻辑非运算符		单目运算符
	~	按位取反运算符		单目运算符
	sizeof	长度运算符		——
3	/	除	左到右	双目运算符
	*	乘		双目运算符
	%	取余		双目运算符
4	+	加	左到右	双目运算符
	-	减		双目运算符
5	<<	左移	左到右	双目运算符
	>>	右移		双目运算符
6	>	大于	左到右	双目运算符
	>=	大于等于		双目运算符
	<	小于		双目运算符
	<=	小于等于		双目运算符
7	==	等于	左到右	双目运算符
	!=	不等于		双目运算符
8	&	按位与	左到右	双目运算符
9	^	按位异或	左到右	双目运算符

续表

优先级	运算符	名称或含义	结合性	说明
10	|	按位或	左到右	双目运算符
11	&&	逻辑与	左到右	双目运算符
12	||	逻辑或	左到右	双目运算符
13	?:	条件运算符	右到左	三目运算符
14	=	赋值运算符	右到左	——
	/=	除后赋值		——
	*=	乘后赋值		——
	%=	取模后赋值		——
	+=	加后赋值		——
	-=	减后赋值		——
	<<=	左移后赋值		——
	>>=	右移后赋值		——
	&=	按位与后赋值		——
	^=	按位异或后赋值		——
	|=	按位或后赋值		——
15	,	逗号运算符	左到右	从左到右顺序运算

2.3.1 算术运算符

1.运算符号及规则

基本算术运算符的符号及运算规则说明如下。

+:加法运算符,用于执行两个操作数的相加。

−:减法运算符,用于执行两个操作数的相减。

*:乘法运算符,用于执行两个操作数的相乘。

/:除法运算符,用于执行两个操作数的相除。

%:取模运算符,用于计算两个操作数相除后的余数。

注意项:

(1)两整数相除舍去小数。如5/3的结果是1。

(2)正负数混除向零取整。如−5/3的结果是−1。

(3)模运算(%)是取余数,只能在整数间进行。如5%3的结果是2。

2.优先级与结合性

(1)结合性为左结合性:从左向右进行结合。

(2)优先级:*,/和%优先级相同,且高;+和−优先级相同,且低(所有运算符优先级比较见表2.2)。

3.算术表达式

基本算术运算符均为双目运算符号,算术表达式的语法格式由两个操作数和运算符组成。比如 x+y,x * y+z,x/y+100%z 都是合法的算术表达式。当多个运算符(不仅仅限定算术运算符)做混合运算时,要根据运算符的优先级和结合性进行。

4.程序举例

例2.7:计算给定矩形的周长和面积(见图2.7)。

```c
#include <stdio.h>
int main( ) {
    int length = 7;
    int width = 3;
    int perimeter = 2 * (length + width);
    int area = length * width;
    printf("Length: %d\n", length);
    printf("Width: %d\n", width);
    printf("Perimeter: %d\n", perimeter);
    printf("Area: %d\n", area);
    return 0;
}
```

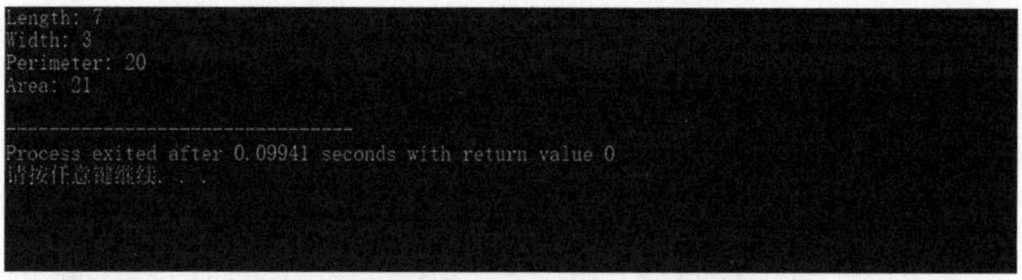

图 2.7　例 2.7 矩形周长和面积的运算结果

例2.8:计算船员的平均年龄(见图2.8)。

```c
#include <stdio.h>
int main( ) {
    int crewSize = 4;
    int sumOfAges = 0;

    int age1, age2, age3, age4;

    printf("Enter the age of crew member 1: ");
    scanf("%d", &age1);
    sumOfAges = sumOfAges + age1;

    printf("Enter the age of crew member 2: ");
    scanf("%d", &age2);
```

27

```
sumOfAges = sumOfAges + age2；

printf("Enter the age of crew member 3：")；
scanf("%d", &age3)；
sumOfAges    = sumOfAges + age3；

printf("Enter the age of crew member 4：")；
scanf("%d", &age4)；
sumOfAges    = sumOfAges + age4；

float averageAge = (float)sumOfAges / crewSize；

printf("\nCrew Member Ages：\n")；
printf("Crew member 1：%d\n", age1)；
printf("Crew member 2：%d\n", age2)；
printf("Crew member 3：%d\n", age3)；
printf("Crew member 4：%d\n", age4)；
printf("\nAverage Age：%.2f\n", averageAge)；
return 0；
}
```

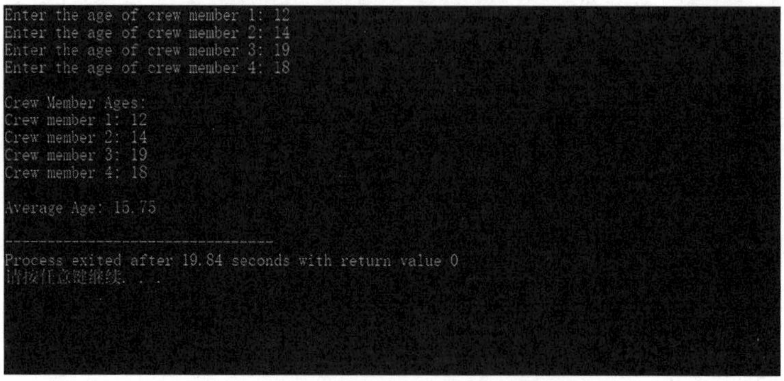

图 2.8　例 2.8 船员的平均年龄的运算结果

2.3.2　赋值运算符

1.运算符号及规则

=：赋值运算符,用于将右侧的值赋给左侧的变量。

复合赋值运算符是赋值运算和其他算术运算的结合,运算规则是先做算术运算,然后再赋值的简洁形式。

2.结合性与优先级

(1)结合性为右结合性:从右向左进行结合。

(2)优先级:赋值运算符的优先级较低,因此在表达式中,其他大多数运算符(例如算术运算符、关系运算符、逻辑运算符等)的计算会在赋值运算符之前进行。如果表达式中有多个赋值运算符,它们将按照从右到左的顺序进行计算。

3.赋值表达式

赋值表达式是通过各种形式的赋值运算符将一个量值赋值给另一个变量的形式,如

a=5;

b+=a;

4.程序举例

例2.9:输出赋值运算结果(见图2.9)。

```c
#include <stdio.h>
int main( ) {
    int x = 5;
    x += 3;    //等同于 x = x + 3;
    printf("x += 3: x = %d\n", x);

    x -= 2;    //等同于 x = x - 2;
    printf("x -= 2: x = %d\n", x);

    x * = 4;    //等同于 x = x * 4;
    printf("x * = 4: x = %d\n", x);

    x / = 2;    //等同于 x = x / 2;
    printf("x / = 2: x = %d\n", x);

    x % = 3;    //等同于 x = x % 3;
    printf("x %%= 3: x = %d\n", x);

    return 0;
}
```

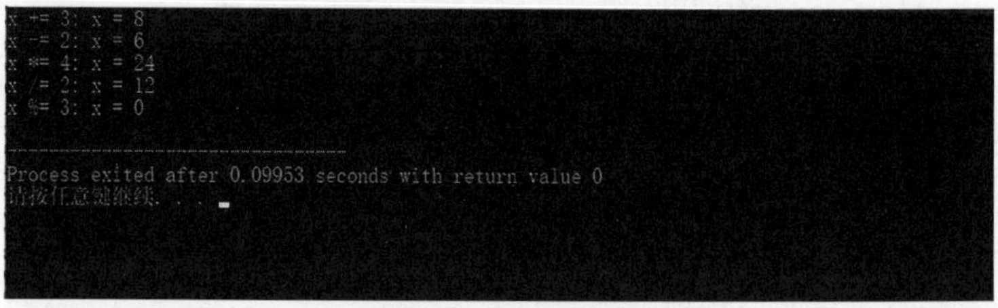

```
x += 3: x = 8
x -= 2: x = 6
x *= 4: x = 24
x /= 2: x = 12
x %= 3: x = 0
------------------------
Process exited after 0.09953 seconds with return value 0
请按任意键继续. . .
```

图 2.9　例 2.9 赋值运算

例2.10：存储船员的姓名、年龄和职位（见图2.10）。

```c
#include <stdio.h>
#include <string.h>

int main( ) {
    char * member1_name = "John";
    int member1_age = 32;
    char * member1_position = "Engineer";

    char * member2_name = "Alice";
    int member2_age = 28;
    char * member2_position = "Navigator";

    //将船员2的信息赋值给船员1
    member1_name = member2_name;
    member1_age = member2_age;
    member1_position = member2_position;

    //打印船员1的信息
    printf("船员1的信息:\n");
    printf("姓名:%s\n", member1_name);
    printf("年龄:%d\n", member1_age);
    printf("职位:%s\n", member1_position);

    return 0;
}
```

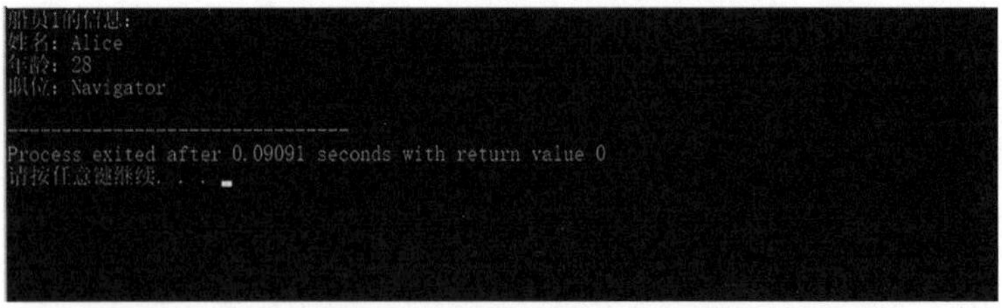

```
船员1的信息:
姓名: Alice
年龄: 28
职位: Navigator

--------------------------------
Process exited after 0.09091 seconds with return value 0
请按任意键继续. . .
```

图2.10　例2.10 船员信息的输出结果

2.3.3　关系运算符

1.运算符号和规则

C语言的关系运算符号及运算规则说明如下：

==：等于运算符，用于检查两个操作数是否相等。

! =:不等于运算符,用于检查两个操作数是否不相等。

>:大于运算符,用于检查左侧操作数是否大于右侧操作数。

<:小于运算符,用于检查左侧操作数是否小于右侧操作数。

>=:大于等于运算符,用于检查左侧操作数是否大于等于右侧操作数。

<=:小于等于运算符,用于检查左侧操作数是否小于等于右侧操作数。

2.优先级和结合性

关系运算的优先级如图 2.11 所示。关系运算的结合性是从左向右的。

<	(小于)	优先级相同　(高)
<=	(小于或等于)	
>	(大于)	
>=	(大于或等于)	
==	(等于)	优先级相同　(低)
!=	(不等于)	

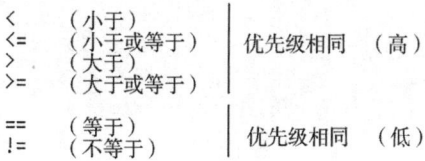

图 2.11　关系运算的优先级图

3.关系表达式

量值和关系运算符可以构成关系表达式。例如:x0>x1, x0==x1, x0<=x1,x4>x3>x2, x0! =x4==x1。需要注意的是关系表达式的值为 0 或者 1,其中表达式值为真值时,结果为 1;否则为 0。

4.程序举例

例 2.11:输出关系运算结果(见图 2.12)。

```
#include<stdio.h>
int main()
{
int x0=0, x1=1, x2=2, x3=3, x4=4;
printf("\nx0  %d\tx1  %d\tx2  %d\tx3  %d  x4  %d\t", x0, x1, x2, x3, x4);
printf("\nx0>x1  %d\t x0==x1  %d\t  x0<=x1  %d\t",x0>x1, x0==x1,  x0<=x1);
printf("\nx4>x3>x2  %d\t, x0! =x4==x1   %d\n  ", x4>x3>x2, x0! =x4==x1);
}
```

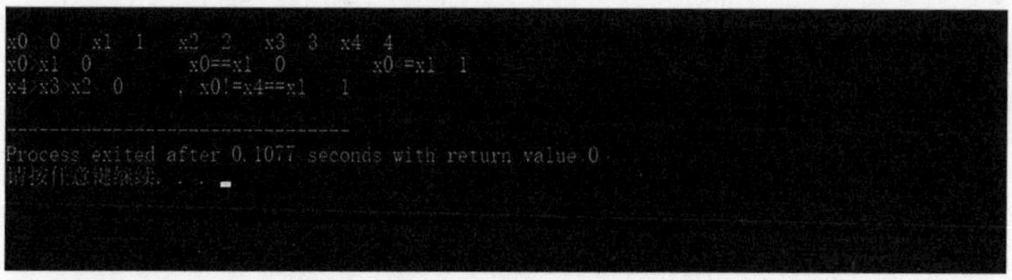

图 2.12　例 2.11 关系运算结果

例 2.12:比较船员的年龄(见图 2.13)。

```
#include <stdio.h>
int main() {
    int crewMember1Age = 28;
```

```
    int crewMember2Age = 32;
```

printf("船员 1 的年龄是否大于船员 2 的年龄:% d \ n", crewMember1Age > crewMember2Age);

return 0;
}

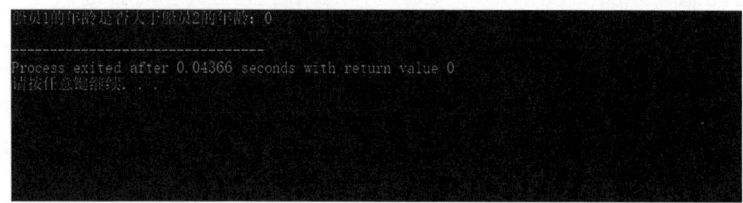

图 2.13　例 2.12 船员年龄大小的比较结果

2.3.4　逻辑运算符

1. 运算符号及规则

! :逻辑非运算符,用于执行逻辑非操作,将操作数的逻辑值取反。

&& :逻辑与运算符,用于执行逻辑与操作,当两个操作数都为真时,结果为真。

‖:逻辑或运算符,用于执行逻辑或操作,当两个操作数中至少有一个为真时,结果为真。

2. 优先级和结合性

三种逻辑运算的优先级从高到低依次为非(!),与(&&),或(‖),如图 2.14 所示。逻辑运算的结合性是从左向右的。

```
! 非      ↑  (高)
&& 与      |
‖ 或       |  (低)
```

图 2.14　逻辑运算的优先级

3. 逻辑表达式

(1)逻辑表达式是逻辑运算符作用在逻辑值上的形式。作为操作数的逻辑值可以是任何量值,其中,0 代表假,非 0 代表真。而逻辑表达式的值只能是 0 或 1,分别表示假或真。

(2)逻辑运算的规则如表 2.3 所示。

表 2.3　逻辑运算规则

操作数 a	操作数 b	! a(非)	! b(非)	a&&b(与)	a‖b(或)
真	真	假	假	真	真
真	假	假	真	假	真
假	真	真	假	假	真
假	假	真	真	假	假

4.程序举例

例2.13：输出逻辑运算结果（见图2.15）。

```
#include<stdio.h>
int main( )
{
int x0=0, x1=1, x2=2;
printf("\nx0   %d\tx1   %d\tx2   %d", x0, x1, x2);
printf("\n! x0   %d\tx0&&x1   %d\tx0||x2   %d\t! x1   %d",! x0,x0&&x1,x0||x2,! x1);
printf("\nx1&&x2   %d\tx1||x2   %d\n",x1&&x2,x1||x2);
}
```

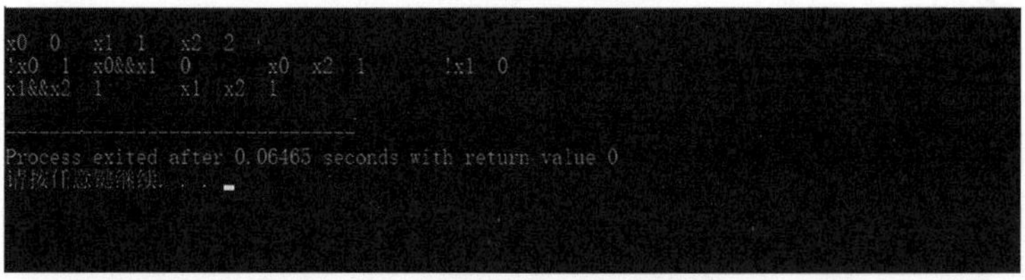

图2.15　例2.13逻辑运算结果

例2.14：输出满足船员年龄大于等于30岁且是船长的情况（见图2.16）。

```
#include <stdio.h>
#include <stdbool.h>
int main( ) {
    int crewMemberAge = 35;
    int isCaptain = 0;
    printf("船员年龄大于等于30岁且是船长:%d\n" crewMemberAge >= 30 && isCaptain);
    return 0;
}
```

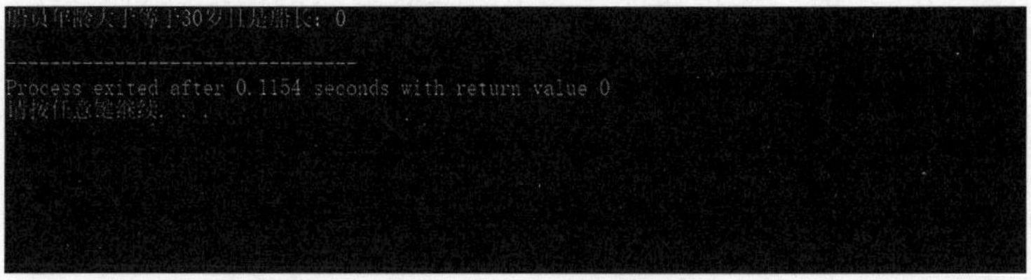

图2.16　例2.14的运行结果

2.3.5　其他基本运算符

1.括号运算符

(1)( )运算符的一个作用是提升表达式中某部分运算的优先级,即括号括起的部分先进

33

行运算。

（2）（ ）运算符的另一个作用是强制类型转换。使用的语法格式为：

（已定义类型）其他类型变量。

例如：

①（double）x//无论 x 是什么类型，（double）x 的结果是 double 型。

需要注意的是，上述举例理解为"将 x 强制转换为 double 型"是错误的。该例子本质上是对 x 施加了向 double 型转换的运算，运算的结果是 double 型，而 x 还是原来的类型，即 x 的类型没有变化。

②（int）（x + y）//无论(x+y)是什么类型，（int）（x + y）的结果是 int 型，"将 x+y 的结果强制转换为 int 型"是错误的。

③（double）（5 % 2）//5 % 2 的结果是整型，（double）（5 % 2）的结果是 double 型。

2.自增运算符

（1）运算符号及规则

++:递增运算符,用于将操作数的值增加1。

--:递减运算符,用于将操作数的值减少1。

（2）优先级及结合性

自增运算符的结合性为右结合性,优先级较高(详见表2.2)。

（3）自增表达式

自增自减运算是单目运算,且只能作用在简单变量上,其本质含义是将变量在原来量值基础上加1或减1,然后再赋值给该变量。

注意事项:

①由于不能给表达式赋值,只能给代表内存单元的变量赋值,所以自增和自减运算符只能作用在简单变量上,而不能作用在另一个运算的结果上。

假设有变量 x 和变量 y,

++ x,--y//正确的前自增自减运算。等价于 x=x+1, y=y−1

x++,y--//正确的后自增自减运算。等价于 x=x+1, y=y−1

++(x+y),(x-y)--//错误的自增自减运算,不能作用在表达式上,无法给表达式赋值

②前自增自减运算的"前",是指在计算变量所在表达式的值之前,做自增自减运算。后自增自减运算的"后",是指计算变量所在的表达式的值之后,再做自增自减运算。如 x 的值是 2,y=3+x--;赋值表达式中 x 是后自减,应该在计算该赋值表达式之后算,所以 y 的值是 3+2(x 的值)的和 5,然后计算 x 的后自减,x 的值变为 1。

4.程序举例

例 2.15:输出自增运算结果(见图 2.17)。

```c
#include <stdio.h>

int main( ) {
    int i = 5;
    printf("初始值：%d\n", i);
```

```
int j = ++i; //使用前缀自增运算符递增 i,并将递增后的值赋给 j
printf("前缀自增后,i 的值为:%d,j 的值为:%d\n", i, j);

int k = i++; //使用后缀自增运算符递增 i,并将递增前的值赋给 k
printf("后缀自增后,i 的值为:%d,k 的值为:%d\n", i, k);

return 0;
}
```

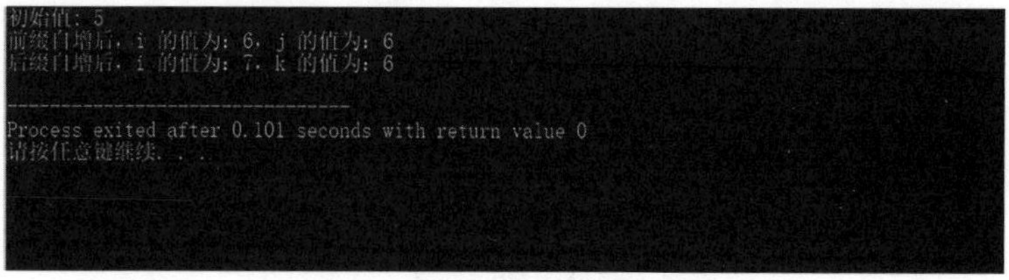

图 2.17 例 2.15 自增运算的结果

例 2.16:模拟船员数量的变化(见图 2.18)。

```
#include <stdio.h>
int main() {
    int crewCount = 0;
    printf("船员计数:%d\n", crewCount);

    crewCount++; //自增船员计数
    printf("新增一名船员后,船员计数:%d\n", crewCount);

    crewCount++; //自增船员计数
    printf("新增一名船员后,船员计数:%d\n", crewCount);

    crewCount--; //自减船员计数
    printf("减少一名船员后,船员计数:%d\n", crewCount);

    return 0;
}
```

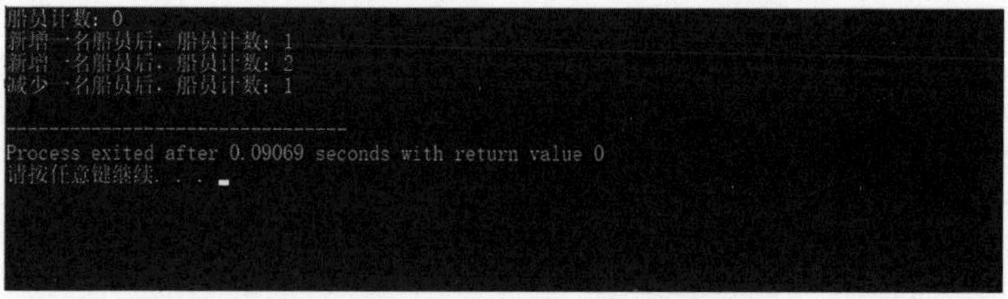

图 2.18 例 2.16 船员人数变化运算结果

3.逗号运算符和逗号表达式

(1)逗号在 C 语言中通常起着分隔符的作用,不体现出运算的含义,如 int a，b；逗号分隔开的 a 和 b 被声明为整型变量。

(2)用逗号分开的多个表达式的整体,叫作逗号表达式,如 x1+x2，x3 * x4－x1<x2。

逗号表达式的一般形式是:表达式 1,表达式 2,表达式 3,……,表达式 n；

其求解顺序是依次求解表达式 1~n 的值,整个表达式的值是表达式 n 的值。

(3)运算符优先级最低。

一、选择题

1. 下列运算符中,(   )结合性从左到右。

   A.三目　　　　　　　B.赋值　　　　　　　C.比较　　　　　　　D.单目

2. 下列变量名中,(   )是合法的。

   A.CHINA　　　　　　B.student－num　　　C.double　　　　　　D.A+b

3. 若有定义:int a＝8,b＝5,c;,执行语句 c＝a/b+0.4;后,c 的值为(   )。

   A.1.4　　　　　　　B.1　　　　　　　　C.2.0　　　　　　　D.2

4. 以下说法中正确的是(   )。

   A.C 语言程序总是从第一个函数开始执行

   B.在 C 语言程序中,要调用的函数必须在 main( )函数中定义

   C.C 语言程序总是从 main( )函数开始执行

   D.C 语言程序中的 main( )函数必须放在程序的开始部分

5. 以下程序的输出结果是(   )。

```
main( )
{
    int x＝10,y＝10;
    printf("%d %d\n",x－－,－－y);
}
```

   A.10 10　　　　　　B.9 9　　　　　　　C.9 10　　　　　　D.10 9

6. int a＝1,b＝3;,则下列表达式的结果为"真"的是(   )。

   A.a>＝2||! b&&b<4

   B.b－a&&! a||a－b&&a/b

   C.a－! a%b&&! b-! b%b

   D.a+b&&a－b&&b-3&&a||b

7.请选出合法的 C 语言赋值语句(　　)。

 A.a=b=58　　　　　　B.i++　　　　　　C.a=58,b=58　　　D.k=int(a+b)

8.若有以下定义和语句(　　)。

 char c1='b',c2='e';

 printf("%d,%c\n",c2-c1,c2-'a'+'A');

 则输出结果是:

 A. 2,M

 B. 3,E

 C. 2,E

 D. 输出项与对应的格式控制不一致,输出结果不确定。

9.在以下一组运算符中,优先级最高的运算符(　　)。

 A.<=　　　　　　　　B.=　　　　　　　　C.%　　　　　　　　D.&&

10.设 int a=12,则执行完语句 a+=a-=a*a 后,a 的值是(　　)。

 A.552　　　　　　B.264　　　　　　C.144　　　　　　D.-264

11.若 k 是 int 型变量,且有下面的程序片段:

 k = -3;

 if(k<=0)

 printf("####")

 else

 printf("&&&&");

 上面程序片段的输出结果是(　　)。

 A.####

 B.&&&&

 C.####&&&&

 D.有语法错误,无输出结果

12.为表示关系 x≥y≥z,应使用 C 语言表达式(　　)。

 A.(x>=y)&&(y>=z)

 B.(x>=y)AND(y>=z)

 C.(x>=y>=z)

 D.(x>=y)&(y>=z)

13.若 c 为 char 类型变量,能正确判断出 c 为小写字母的表达式是(　　)。

 A.'a'<=c<='z'

 B.(c>='a') || (c<='z')

 C.c>='a' || c<='z'

 D.c<='z' && c>='a'

二、判断下列描述的正确性,对者划√,错者划×。

1.C 语言中标识符内的大小写字母是没有区别的。

2.隐含的类型转换都是保值映射,显式的类型转换都是非保值映射。

3.运算符的优先级和结合性可以确定表达式的计算顺序。

第 **3** 章
结构化控制语句

引言

结构化控制是计算机程序设计的基本原则之一，它提供了一种组织和管理程序的方式，通过合理使用结构化控制，可以编写出更高质量的软件。

C 语言的结构化控制是指通过特定的语法格式和控制流程来组织和管理程序的执行顺序，结构化控制是编程中的重要概念，其目的是避免程序处于杂乱无章的状态，使程序更加可读、可维护和可调试。概括来说，C 语言中的结构化控制主要包括顺序结构、选择结构和循环结构。顺序结构是指程序按照代码的顺序依次执行，直到程序结束或者遇到跳转语句。选择结构根据判断条件的真假来选择执行不同的代码块，C 语言提供了 if-else 语句和 switch 语句来实现选择结构。循环结构用于重复执行某段代码，直到满足退出条件为止，C 语言提供了 while 循环、do-while 循环和 for 循环来实现不同类型的循环结构。

3.1 顺序结构

顺序结构是结构化编程中最基本的控制结构之一，是选择结构和循环结构的基础。顺序结构指的是程序按照代码的顺序一行接一行地执行，即从上到下依次执行每个语句，没有跳过或重复执行的行为。

程序举例：

例 3.1：计算矩形的周长和面积的示例程序(见图 3.1)。

```
#include <stdio.h>
int main( ) {
```

```
double length, width;
double perimeter, area;

printf("Enter the length of the rectangle: ");
scanf("%lf", &length);   //输入矩形的长

printf("Enter the width of the rectangle: ");
scanf("%lf", &width);    //输入矩形的宽

perimeter = 2 * (length + width);
area = length * width;

printf("Perimeter of the rectangle: %.2lf\n", perimeter);   //输出矩形的周长
printf("Area of the rectangle: %.2lf\n", area);   //输出矩形的面积

return 0;
}
```

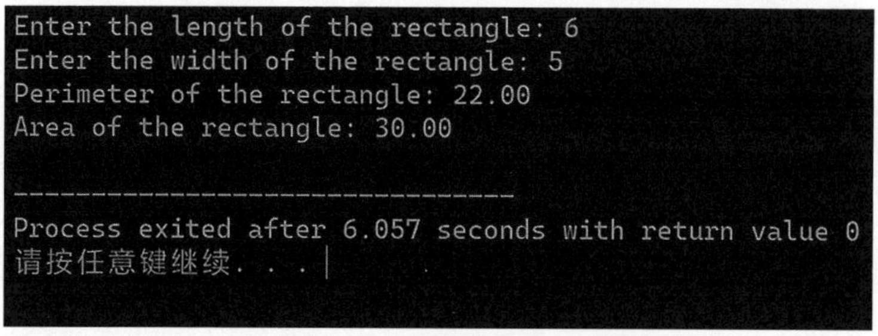

```
Enter the length of the rectangle: 6
Enter the width of the rectangle: 5
Perimeter of the rectangle: 22.00
Area of the rectangle: 30.00

------------------------------------
Process exited after 6.057 seconds with return value 0
请按任意键继续. . .|
```

图 3.1 例 3.1 计算矩形的周长和面积

3.2 选择结构

选择结构是结构化程序编程语言中的一种控制结构。不同于顺序结构,选择结构是指程序运行到某个位置,根据条件的真假选择执行不同的代码块。选择结构允许程序根据不同的情况采取不同的操作,从而增加程序的灵活性和逻辑性。

C 语言中的选择结构主要通过 if 语句和 switch 语句来实现。

3.2.1 if 语句

1.语法格式

if 语句是最基本的选择结构形式,其语法要求是根据一个条件的真假来决定是否执行某个

代码块。概括来说,C 语言中的 if 语句可以分为单分支、双分支和多分支三种形式,以下分别介绍这三种形式的语法格式。

(1)单分支 if 语句

执行过程为:判断 condition 真假,如果为真,执行语句块 1。

```
if ( condition ) {
语句块 1;// 如果条件为真,执行语句块 1
}
```

(2)双分支 if 语句

执行过程为:判断 condition 真假,如果为真,执行语句块 1;否则执行语句块 2。

```
if ( condition ) {
语句块 1;// 如果条件为真,执行语句块 1
} else {
语句块 2;// 如果条件为假,执行语句块 2
}
```

(3)多分支 if 语句

执行过程为:首先判断 condition1 真假,如果为真,执行语句块 1;否则判断 condition2 真假,如果为真,执行语句块 2;当以上条件都不满足时,执行语句块 n。

```
if ( condition1 ) {
语句块 1;// 如果条件 1 为真,执行语句块 1
} else if ( condition2 ) {
语句块 2    // 如果条件 2 为真,执行语句块 2
}
…
else {
语句块 n;// 以上条件均不满足,执行语句块 n
}
```

2.注意事项

(1)语法格式:注意 if 后边的小括号是必需的,而大括号用于包裹条件成立时要执行的代码块。一旦某个条件为真,相应的代码块会被执行,然后整个 if 语句结束。

(2)单条语句省略大括号:如果 if 语句的代码块只包含一条语句,可以省略大括号。

(3)else 及其子句、else if 及其条件和字句都必须与一个 if 语句对应,不可以作为语句单独使用,而必须与 if 配对使用构成一个多条件的选择语句。

(4)在 if、else if、else 条件后可以只跟随一个内嵌的操作语句,也可以包括多个操作语句,此时必须用{   }将这多个操作语句包含起来构成一个复合语句。

(5)多重条件判断:编写代码时可以使用逻辑运算符(如 &&、||)将多个条件组合在一起进行复合条件判断。特别需要注意的是,在条件表达式中,应使用双等号==来进行相等判断,而不是单个等号=,其原因在于单个等号用于赋值操作,而不是判断相等。

3.嵌套 if 语句

在 if 语句中又包含一个或者多个 if 语句称为 if 语句的嵌套。即可以在一个 if 语句的代码块中嵌套另一个 if 语句,形成多层的条件判断结构。在嵌套的 if 语句中,else 总是与最靠近它的 if 语句配对。

实际编写代码时注意保持适当的缩进,以提高代码的可读性。

4.程序举例

例 3.2:用 if-else 实现输出两个数中的大数(见图 3.2)。

```c
#include <stdio.h>

int main( ) {
    int num1, num2;

    printf("请输入两个整数:\n");
    scanf("%d %d", &num1, &num2);

    if (num1 > num2) {
        printf("较大的数是:%d\n", num1);
    } else {
        printf("较大的数是:%d\n", num2);
    }

    return 0;
}
```

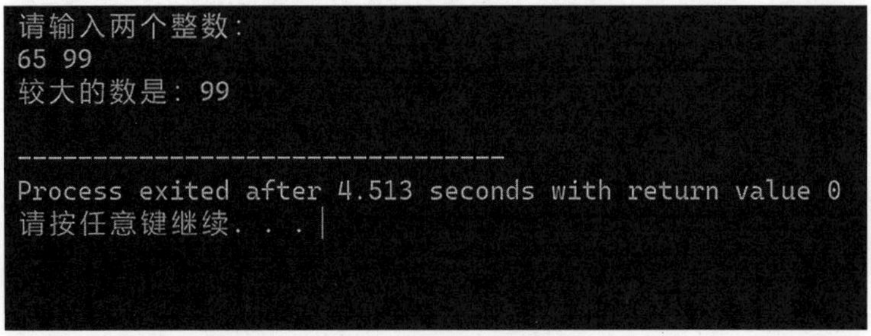

```
请输入两个整数:
65 99
较大的数是: 99

------------------------------------
Process exited after 4.513 seconds with return value 0
请按任意键继续. . .
```

图 3.2 例 3.2 输出两个数中的大数

例 3.3:根据输入成绩判断该成绩所在的等级(见图 3.3)。

```c
#include <stdio.h>

int main( ) {
    int score;

    printf("请输入成绩:");
    scanf("%d", &score);

    if (score >= 90) {
```

```
        printf("优秀\n");
    } else if (score >= 80) {
        printf("良好\n");
    } else if (score >= 70) {
        printf("中等\n");
    } else if (score >= 60) {
        printf("及格\n");
    } else {
        printf("不及格\n");
    }

    return 0;
}
```

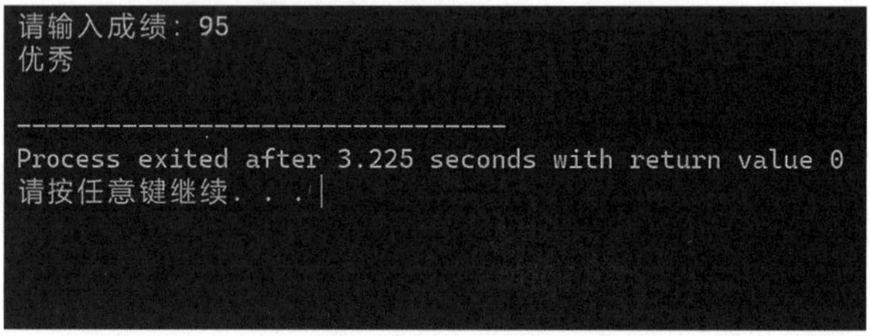

```
请输入成绩: 95
优秀

--------------------------------
Process exited after 3.225 seconds with return value 0
请按任意键继续. . .
```

（a）

```
请输入成绩: 85
良好

--------------------------------
Process exited after 4.248 seconds with return value 0
请按任意键继续. . .
```

（b）

图 3.3　例 3.3 使用 C 语言判断成绩等级

例 3.4：从键盘输入两个实数,请按代数值由小到大的次序输出这两个数(见图 3.4)。

```
#include <stdio.h>

int main() {
    float x, y;

    printf("请输入两个实数,以空格分隔:");
    scanf("%f %f", &x, &y);

    if (x < y) {
```

```
        printf("代数值由小到大的次序为:%5.2f %5.2f\n", x, y);
    } else if (x > y) {
        printf("代数值由小到大的次序为:%5.2f %5.2f\n", y, x);
    } else {
        printf("两个实数相等:%5.2f %5.2f\n", x, y);
    }

    return 0;
}
```

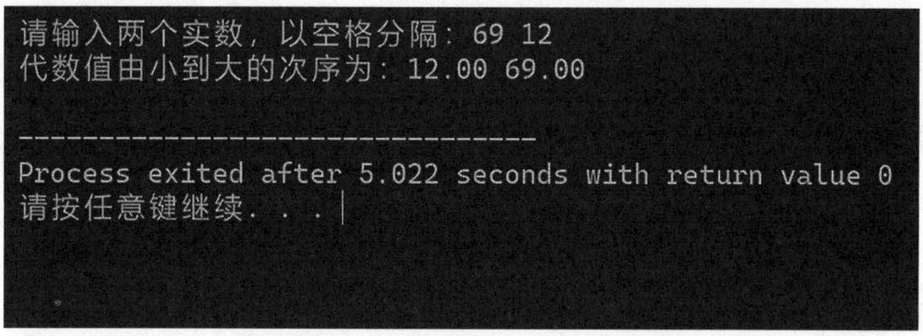

```
请输入两个实数，以空格分隔: 69 12
代数值由小到大的次序为: 12.00 69.00

------------------------------------
Process exited after 5.022 seconds with return value 0
请按任意键继续. . .
```

图 3.4　例 3.4 由小到大的次序输出实数

例 3.5：根据船员的职位输出相应的提示信息(见图 3.5)。

```
#include <stdio.h>

int main() {
    int crewPosition = 2; //假设船员职位:1-船长,2-船员,3-工程师,4-厨师,5-医务
人员

    if (crewPosition == 1) {
        printf("船员职位:船长\n");
    } else if (crewPosition == 2) {
        printf("船员职位:船员\n");
    } else if (crewPosition == 3) {
        printf("船员职位:工程师\n");
    } else if (crewPosition == 4) {
        printf("船员职位:厨师\n");
    } else if (crewPosition == 5) {
        printf("船员职位:医务人员\n");
    } else {
        printf("未知船员职位\n");
    }

    return 0;
```

}

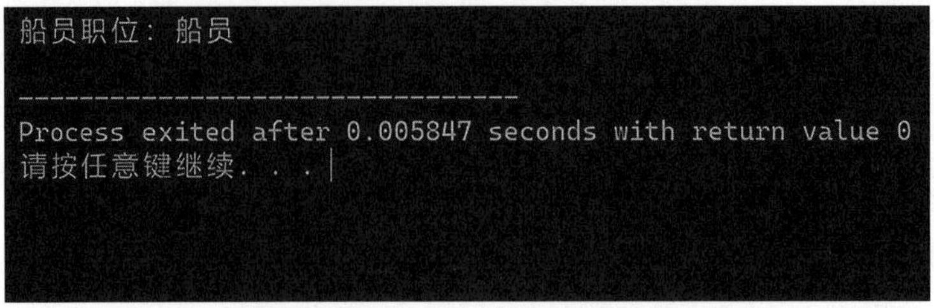

```
船员职位：船员

----------------------------------
Process exited after 0.005847 seconds with return value 0
请按任意键继续. . .
```

图 3.5 例 3.5 根据 crewPosition 的取值输出船员职位

3.2.2 条件运算符及表达式

C 语言的选择结构也可以用简单的条件运算符 " ？：" 实现。以下对条件运算符及条件表达式进行介绍。

1.运算符号及规则

符号语法格式为：?：

条件运算符是唯一的三目运算符，即实际使用该运算符时需要三个操作数或者表达式。

2.结合性与优先级

(1)结合性为右结合性：从右向左进行结合。

(2)优先级：条件运算符 " ？：" 的优先级高于赋值运算符，但低于关系运算符和算术运算符。

例如：

max＝a>b？a:b 等效于 max＝((a>b)？a:b)

a>b？a:b+1 等效于(a>b)？a:(b+1)

a>b？a:c>d？c:d 等效于(a>b)？a:((c>d)？c:d)

3.条件表达式

运用条件运算符连接起来的表达式的一般形式是：

表达式 1？表达式 2：表达式 3

执行过程为：首先判断表达式 1 的真假，当表达式 1 为真时，表达式 2 的值作为整个条件表达式的值，否则表达式 3 的值作为整个条件表达式的值。

总的来说，条件运算符通常用于简洁地根据条件选择不同的值或执行简单的选择操作，可以在表达式中嵌套使用，也适合在赋值语句中使用。

例如以下程序段

if(a>b)

   max＝a；

else

max＝b；

可以用条件表达式 max＝(a>b)？a:b；进行代替。

值得注意的是，实际编程中如果需要进行复杂的逻辑判断或多个条件的选择，通常更适合

使用 if 语句或 switch 语句。

4. 程序举例

例 3.6：从键盘输入一个字符，判断该字符是否是大写字母，如果是，将其转换成小写形式；否则，不转换（见图 3.6）。

```
main( )
{
    char ch;
    scanf("%c",&ch);
    ch=(ch>='A'&&ch<='Z')? (ch+32):ch;
    printf("%c",ch);
}
```

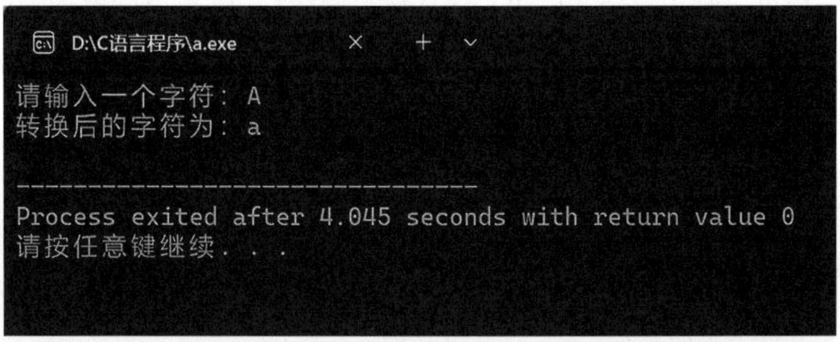

```
D:\C语言程序\a.exe              ×   +   ∨

请输入一个字符：A
转换后的字符为：a

------------------------------------
Process exited after 4.045 seconds with return value 0
请按任意键继续．．．
```

（a）

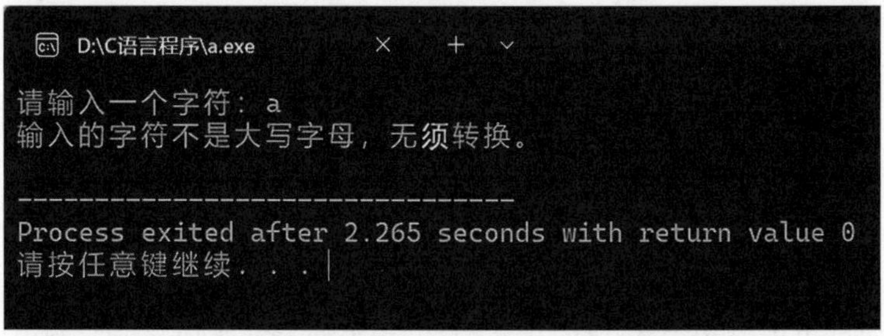

```
D:\C语言程序\a.exe              ×   +   ∨

请输入一个字符：a
输入的字符不是大写字母，无须转换。

------------------------------------
Process exited after 2.265 seconds with return value 0
请按任意键继续．．．|
```

（b）

图 3.6　例 3.6 输入字符进行大小写字符判断

例 3.7：从键盘输入两个整数，输出其中的较大数（见图 3.7）。

```
#include<stdio.h>
int main( )
{
int x,y,z;
printf("\n 请输入两个整数,空格分隔:");
scanf("%d   %d", &x, &y);
z=x>y? x:y;
printf("大数为   z=%d\n",z);
}
```

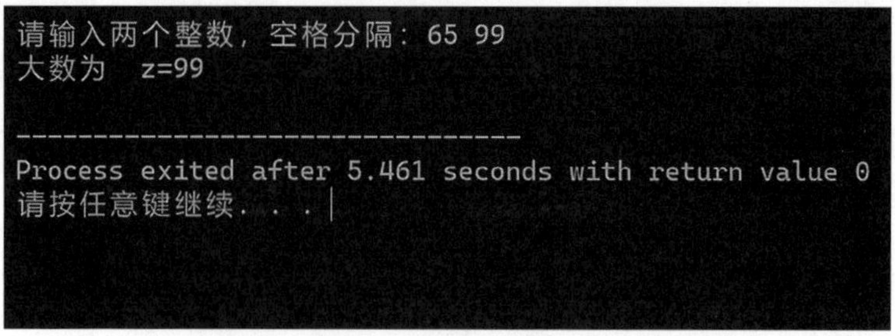

```
请输入两个整数，空格分隔: 65 99
大数为  z=99

------------------------------------
Process exited after 5.461 seconds with return value 0
请按任意键继续. . .
```

图 3.7　例 3.7 输出两个整数中较大数

3.2.3　switch 语句

在 C 语言中,还可以利用 switch 语句实现选择控制结构,该语句可根据表达式的值选择执行不同的代码块,通常用于有多个固定选项的情况,能够提供更清晰和简洁的代码结构。

1.语法格式

switch 语句根据表达式的值来选择执行相应的代码块。该语句使用 case 标签来匹配表达式的值,如果匹配成功,则执行相应的代码块。其语法格式定义如下:

```
switch(表达式 )
{
    case 常量表达式 1:语句 1
    case 常量表达式 2:语句 2
    case 常量表达式 3:语句 3
    ……
    case 常量表达式 n:语句 n
    default:语句 n+1
}
```

执行流程为:switch 语句从上到下逐个检查 case 标签,直到找到匹配的标签或执行了 default 标签。一旦匹配成功,执行相应的代码块,然后跳出 switch 语句。

2.注意事项

(1)当 switch 后面的表达式与某一 case 后面的常量表达式相等时,就从此 case 后面的语句开始执行,包括后面的其他 case 语句。若找不到匹配,就执行 default 语句。值得注意的是,switch 语句中也可以没有 default 子句。

(2)每一个 case 后面的常量表达式的值必须互不相同。即每个 case 标签的值必须是唯一的,不允许有重复的情况。

(3)多个 case 可以共用一组执行语句。

(4)当 case 后面的常量和 switch 后面的量值相等时,程序以该 case 为入口开始执行,执行完与该 case 对应的语句后,会继续执行后面各 case 的语句及 default 的语句。

(5)在每个 case 代码块的末尾都通常包含 break 语句,用于跳出 switch 语句。如果省略 break 语句,程序将会继续执行后续的 case 代码块。

（6）switch 语句无法直接进行范围判断、字符串比较或复杂的逻辑判断。如果需要执行复杂的条件判断,可以考虑使用 if-else if-else 结构。

3.程序举例

例 3.8：根据船员的职位输出相应的提示信息(见图 3.8)。

```c
#include <stdio.h>

int main( ) {
    int crewPosition = 5; //假设船员职位:1-船长,2-船员,3-轮机长,4-厨师,5-医务人员

    switch (crewPosition) {
        case 1:
            printf("船员职位:船长\n");
            break;
        case 2:
            printf("船员职位:船员\n");
            break;
        case 3:
            printf("船员职位:轮机长\n");
            break;
        case 4:
            printf("船员职位:厨师\n");
            break;
        case 5:
            printf("船员职位:医务人员\n");
            break;
        default:
            printf("未知船员职位\n");
            break;
    }

    return 0;
}
```

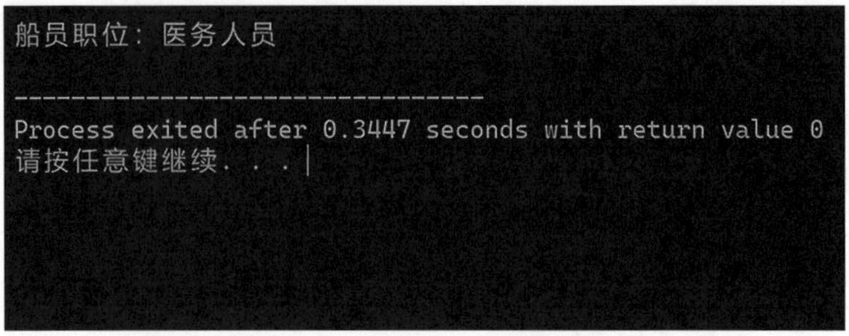

```
船员职位: 医务人员

------------------------------------
Process exited after 0.3447 seconds with return value 0
请按任意键继续. . .|
```

图 3.8　例 3.8 根据 crewPosition 取值输出船员职位

例 3.9: 利用 switch 语句实现简易菜单功能(见图 3.9)。

```c
#include <stdio.h>
int main ( )
{
int id;
printf( "\n 请输入下面功能对应的标号:" );
printf( "\n1 新建文件;　2 打开文件;　3　　　4 保存文件。\n" );
scanf( "%d" , &id);
switch（id）{
case 1:
{printf( "\n\n 您调用了功能 1 新建文件" );
printf( "\n\n 下面将转向新建文件功能模块\n" );
break;
}
case 2:
{printf( "\n\n 您调用了功能 2 打开文件" );
printf( "\n\n 下面将转向打开文件功能模块\n" );
break;
}
case 3:
case 4:
{printf( "\n\n 您调用了功能 3 或 4　保存文件" );
printf( "\n\n 下面将转向保存文件功能模块\n" );
break;
}
default:
printf( "\n\n 转向默认处理模块\n" );
}
}
```

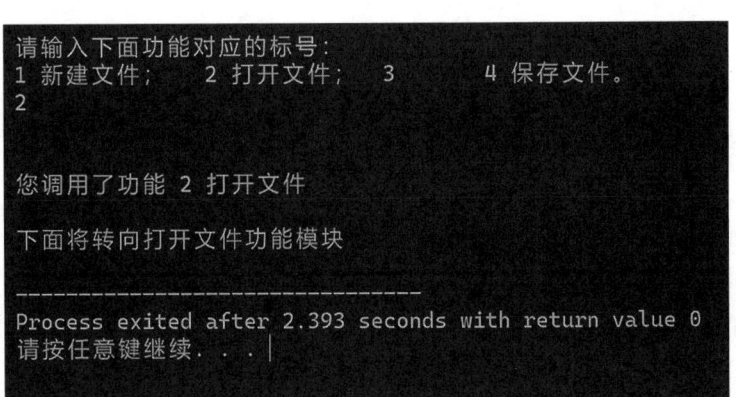

图 3.9 例 3.9 输入标号 2 时对应的打开文件的输出

3.3 循环结构

循环结构是结构化编程语言中的一种控制结构。其允许程序在满足循环条件的情况下,重复执行特定的代码片段,以便处理大量的数据、执行重复的任务或实现迭代过程。循环结构使程序可以有效地处理需要重复执行的任务,提高代码的复用性和效率。

在 C 语言中,常见的循环结构有三种形式:for 循环、while 循环和 do-while 循环。

3.3.1 goto 语句

goto 语句是无条件转向语句,用于无条件地将程序的控制转移到程序中的标记处。即使程序跳过正常的顺序执行,不受任何程序结构限制地转向到程序的任何部分。

1.语法格式

基本语法:goto label;

执行的功能为跳转到程序中的标记(label)处。语句标记用于标识程序代码中的某条语句的位置,是由一个冒号(:)后面跟着一个唯一的标识符组成的。

(1)由于 goto 可以直接转向到设定在程序任意位置的标签,所以 goto-label-if 不是结构化的循环语句形式,不提倡使用。

(2)goto-label 必须和 if 配合使用,否则是永不停止的死循环。

2.程序举例

例 3.10:goto 语句示例程序(见图 3.10)。

```
#include<stdio.h>
int main( )
{
int i = 1;
int sum = 0;
```

```
printf("\n 这是一个 goto-label 的示例程序:\n");
label1:
sum+=i;
printf("\ni= %d 时", i);
printf("\nsum= %d", sum);
printf("\n 按任意键继续");
getchar();   //此处是等待输入一个字符,实现了程序的等待,按任意键,//得到字符程序
继续执行,输入的字符对程序没有任何实质影响
goto label2;
i=10;
sum=100;
printf("\ni= %d 时", i);
printf("\nsum= %d", sum);
label2:
i=20;
sum=200;
printf("\ni= %d 时", i);
printf("\nsum= %d", sum);
printf("\n 按任意键继续");
getchar();
goto label1;
}
```

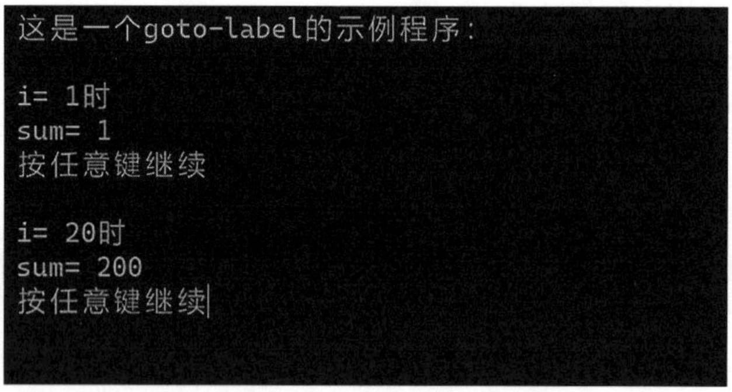

```
这是一个goto-label的示例程序:

i= 1时
sum= 1
按任意键继续

i= 20时
sum= 200
按任意键继续
```

图 3.10　例 3.10 goto 语句示例程序

3.注意事项

由于 goto 语句可能会使代码的逻辑变得混乱,破坏了结构化程序设计中精心设计的结构化逻辑,使程序变得难以理解和调试。因此,在程序开发过程中应谨慎使用 goto 语句,而应优先考虑使用结构化的控制语句来实现程序的控制流程。

3.3.2　while 语句

while 语句是一种常用的循环结构,该语句在循环开始之前检查一个条件表达式,只要条件为真,就会重复执行循环体中的代码块。

1.语法格式

```
while（condition）{
    //代码块
}
```

执行过程为:只要条件表达式为真,循环体中的代码就会被重复执行。如果条件表达式为假,循环将被终止,程序将继续执行循环后面的代码。

说明:需要注意的是,condition 可以为量值和表达式,表示循环继续执行的条件。如果 condition 的逻辑值初始值为假,则循环体中的代码将不会被执行。同时,应在循环代码块中有使 condition 最终变为假的语句,以避免代码块无限循环。

2.程序举例

例 3.11:使用 while 循环实现计算 1~20 内奇数的和(见图 3.11)。

```c
#include<stdio.h>
int main( )
{
int i=1;
int sum=0;
printf（"\n 计算 1-20 内奇数的和:\n"）;
while（i<=20）{
sum+=i;
printf（"\ni= %d 时", i）;
printf（"\nsum= %d", sum）;
i+=2;
}
printf（"\n 最后和为 sum= %d\n", sum）;
}
```

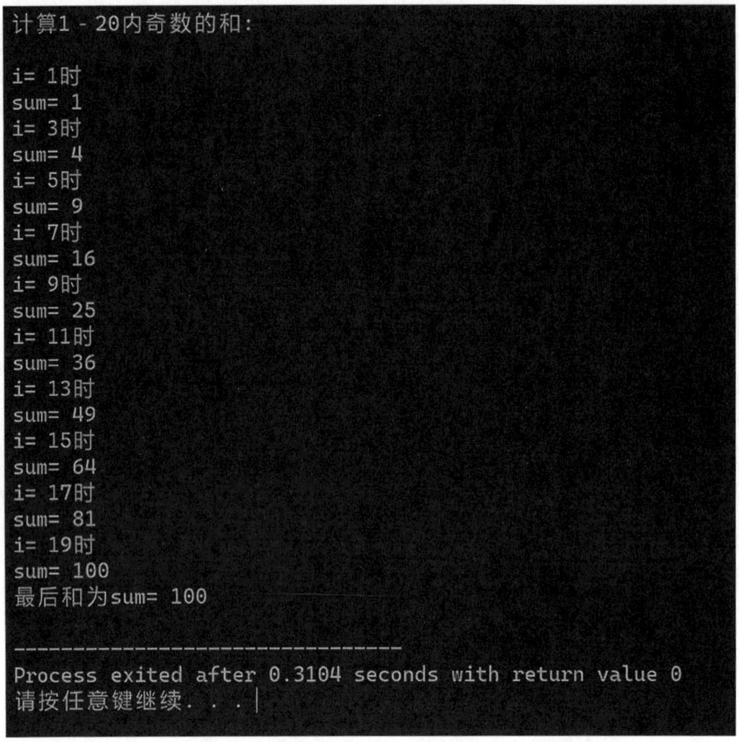

```
计算1－20内奇数的和:

i= 1时
sum= 1
i= 3时
sum= 4
i= 5时
sum= 9
i= 7时
sum= 16
i= 9时
sum= 25
i= 11时
sum= 36
i= 13时
sum= 49
i= 15时
sum= 64
i= 17时
sum= 81
i= 19时
sum= 100
最后和为sum= 100

--------------------------------
Process exited after 0.3104 seconds with return value 0
请按任意键继续. . .
```

图 3.11　例 3.11 使用 while 循环计算 1~20 内奇数的和

例 3.12：输出所有船员的工作状态(见图 3.12)。

```c
#include <stdio.h>
int main( ) {
    int crewSize = 5;
    int workingCrew = 0;

    while (workingCrew < crewSize) {
        printf("Working crew: %d\n", workingCrew);
        workingCrew++;
    }
    printf("All crew members are working.\n");
    return 0;
}
```

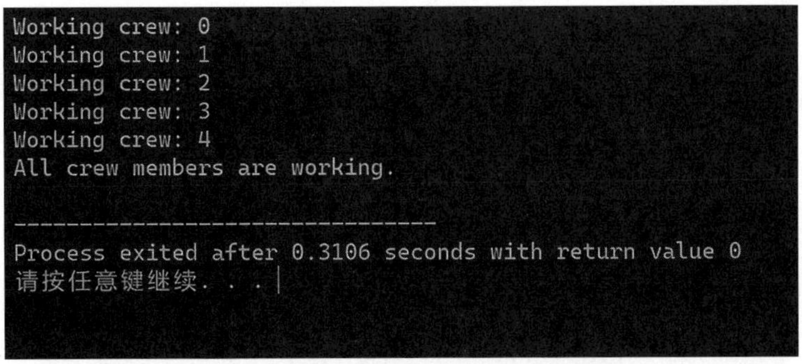

```
Working crew: 0
Working crew: 1
Working crew: 2
Working crew: 3
Working crew: 4
All crew members are working.

--------------------------------
Process exited after 0.3106 seconds with return value 0
请按任意键继续. . .|
```

图 3.12 例 3.12 输出所有船员的工作状态

3.3.3 do-while 语句

do-while 语句与 while 语句类似,该语句在执行时,先执行循环体之后再检查执行条件,即无论条件是否满足,至少会执行一次循环体中的代码。

1.语法格式

do {

　　//循环体代码

} while (condition);

执行过程:先执行循环体代码,再检查 condition 的真假。如果 condition 为真,循环体代码块将继续执行;如果 condition 为假,循环将被终止。

说明:do-while 语句至少会执行一次循环体中的代码,即使条件一开始就为假,循环体中的代码至少被执行一次。

while 语句与 do-while 语句的区别如下:while 循环先判断控制条件是否成立,如果不成立,则不执行循环体语句,否则执行循环;do-while 循环先执行一次循环体语句,然后判断控制条件是否成立,如果不成立,则停止执行循环体语句,否则继续执行循环。

2.程序举例

例 3.13:使用 do-while 语句计算 1~20 内所有奇数的和(见图 3.13)。

```c
#include <stdio.h>
int main() {
    int sum = 0;
    int i = 1;
    do {
        sum += i;
        i += 2;
    } while (i <= 20);

    printf("1-20 内所有奇数的和为:%d\n", sum);
    return 0;
```

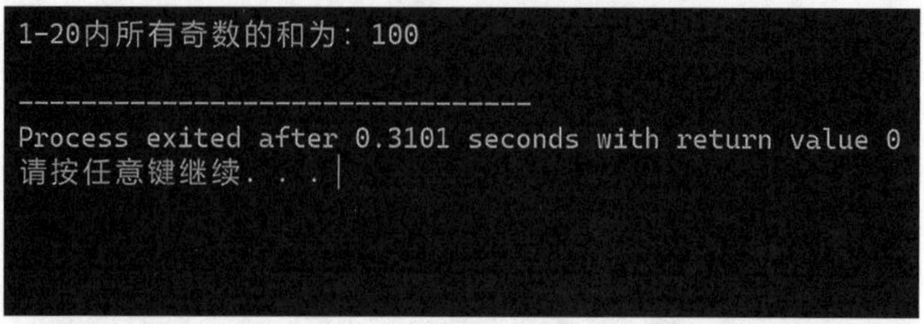

C语言程序设计教程

```
}
```

```
1-20内所有奇数的和为：100

------------------------------------

Process exited after 0.3101 seconds with return value 0
请按任意键继续. . .
```

图 3.13　例 3.13 使用 do-while 语句计算 1~20 内所有奇数的和

例 3.14：输出所有船员的工作状态（见图 3.14）。

```
#include <stdio.h>
int main( ) {
    int crewSize = 5;
    int workingCrew = 0;
    do {
        printf("Working crew: %d\n", workingCrew);
        workingCrew++;
    } while (workingCrew < crewSize);
    printf("All crew members are working.\n");

    return 0;
}
```

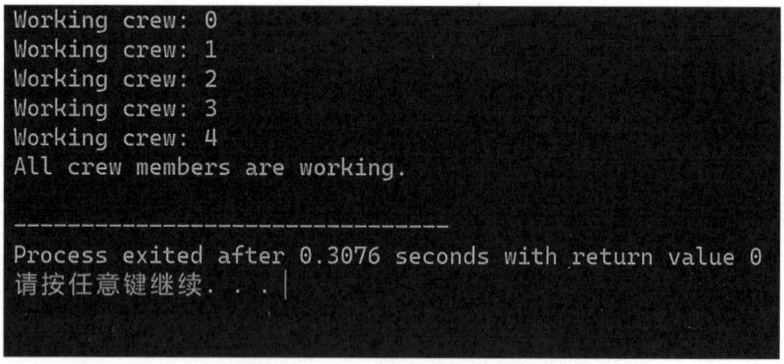

```
Working crew: 0
Working crew: 1
Working crew: 2
Working crew: 3
Working crew: 4
All crew members are working.

------------------------------------

Process exited after 0.3076 seconds with return value 0
请按任意键继续. . .
```

图 3.14　例 3.14 输出所有船员的工作状态

3.3.4　for 语句

for 循环是 C 语言中一种常用的循环控制语句，以简洁的方式来定义循环的初始条件、循环继续的条件以及每次循环迭代后要执行的操作。

1.语法格式

for（initialization；condition；update）{

54

　　　　//循环体代码

　　}

for 循环的执行过程如下：

（1）执行初始化（initialization）语句。

（2）检查条件（condition）是否为真。如果条件为假，则退出循环。

（3）执行循环体代码。

（4）执行更新（update）语句。

（5）返回第 2 步。

通过上述执行过程，实现了循环体代码的重复执行。可以看出，for 循环可以更清晰地定义循环的初始条件、循环继续的条件和循环迭代后的操作，使代码更易于理解和维护。

for 循环主要包括以下几个方面。

（1）初始化表达式：for 循环在开始执行之前，可以初始化一个或多个变量，初始化表达式通常用于设置循环计数器的初始值。

（2）循环条件：for 循环会在每次迭代之前检查一个条件表达式。只有当条件为真时，循环体中的代码块才会执行。如果条件为假，循环将被终止。

（3）迭代表达式：在每次循环迭代结束后，可以执行一个或多个表达式来更新循环计数器或其他变量的值，通常用于增加或减少循环计数器的值。

（4）循环体：for 循环包含一个代码块，称为循环体。

2.程序举例

例 3.15：使用 for 循环计算 1~20 内奇数的和（见图 3.15）。

```c
#include<stdio.h>
int main( )
{
int i;
int sum=0;//一定要先赋初值 0,否则 sum 中有一随机数
printf(" \n 计算 1-20 内奇数的和:\n" );
for (i=1;i<20;i+=2){
sum+=i;
printf(" \ni= %d 时", i);
printf(" \nsum= %d", sum);
}
printf(" \n 最后和为 sum= %d\n", sum);
}
```

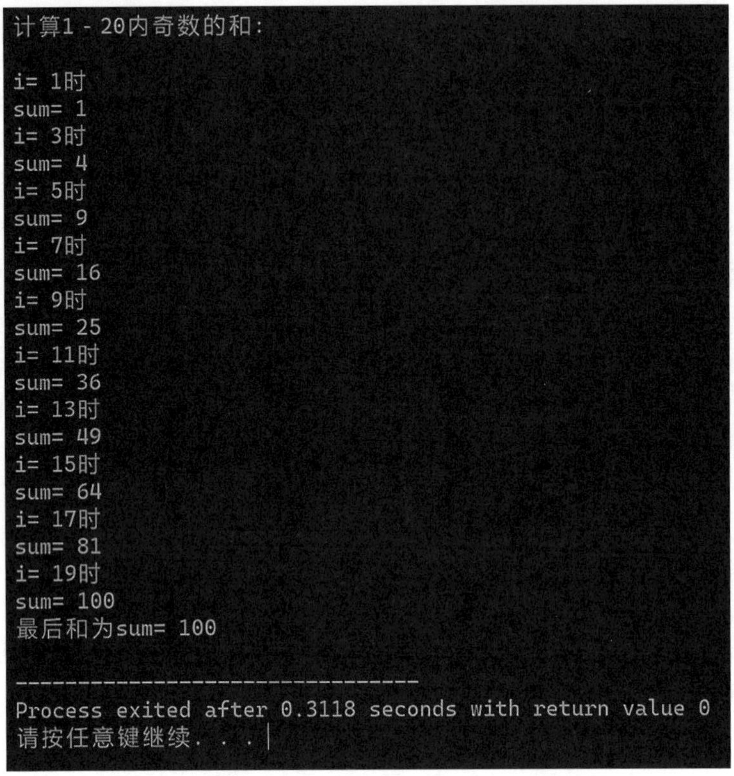

```
计算1 - 20内奇数的和:

i= 1时
sum= 1
i= 3时
sum= 4
i= 5时
sum= 9
i= 7时
sum= 16
i= 9时
sum= 25
i= 11时
sum= 36
i= 13时
sum= 49
i= 15时
sum= 64
i= 17时
sum= 81
i= 19时
sum= 100
最后和为sum= 100

------------------------------------
Process exited after 0.3118 seconds with return value 0
请按任意键继续. . .
```

图 3.15　例 3.15 使用 for 循环计算 1~20 内奇数的和

例 3.16：使用 for 循环输出所有船员的工作状态(见图 3.16)。

```c
#include <stdio.h>
int main( ) {
    int crewSize = 5;
    for (int i = 1; i <= crewSize; i++) {
        printf("Crew member %d is working.\n", i);
    }
    printf("All crew members are working.\n");
    return 0;
}
```

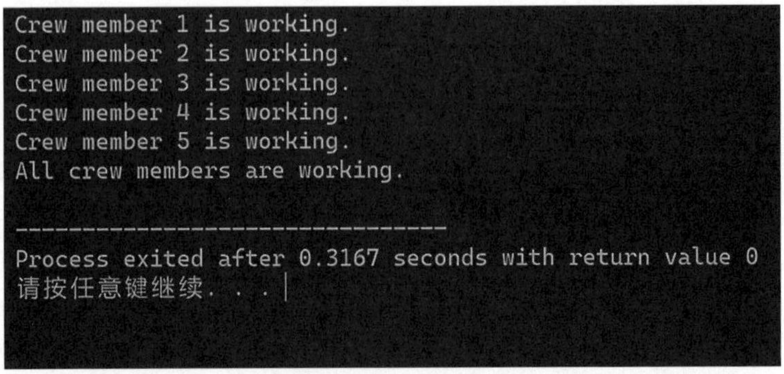

```
Crew member 1 is working.
Crew member 2 is working.
Crew member 3 is working.
Crew member 4 is working.
Crew member 5 is working.
All crew members are working.

------------------------------------
Process exited after 0.3167 seconds with return value 0
请按任意键继续. . .
```

图 3.16　例 3.16 使用 for 循环输出所有船员的工作状态

3.for 循环特点

for 循环中的 3 个表达式并不都是完全必要的,可以将它们中的一个或者多个省略。例如以下均为计算从 1 累加至 100 的和(见图 3.17)。

(1)
```
i=1;
for(  ;i<=100;i++)
sum+=i;
```
(2)
```
for(i=1;i<=100; )
{   sum+=i;
    i++;  }
```
(3)
```
i=1;
for( ;i<=100; )
{   sum+=i;
    i++; }
```

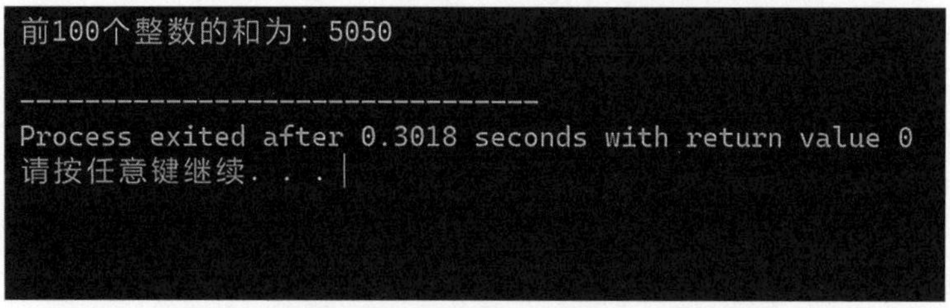

```
前100个整数的和为: 5050

------------------------------
Process exited after 0.3018 seconds with return value 0
请按任意键继续. . .
```

图 3.17 使用 for 循环计算从 1 累加至 100 的和

4.几种循环的比较

(1)goto-label-if 循环不是结构化的语句,不提倡使用,除非使用它会使程序效率大幅度提高。

(2)while 和 do-while 循环本质上没有区别。while 循环先判断后执行;do-while 循环先执行后判断。

(3)for 循环通常用于循环次数已知的问题中,while 和 do-while 循环往往用于循环终止条件已知,但循环次数未知的情况下。

5.死循环

死循环是指循环条件始终为真,导致循环无法正常终止的情况。在这种情况下,程序将陷入无限循环,无法继续执行后续的代码,导致程序崩溃或无响应。避免死循环是编写健壮和可靠代码的重要前提,因此在编写循环时应格外小心,确保循环能够正确终止。

以下是一个死循环的示例(见图 3.18):
```
#include <stdio.h>
int main( ) {
    while (1) {
```

C 语言程序设计教程

```
        printf("This is a dead loop.\n");
    }
    return 0;
}
```

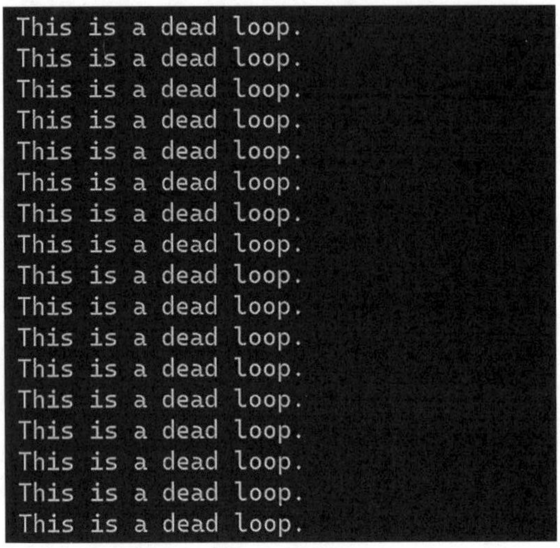

This is a dead loop.
This is a dead loop.
This is a dead loop.
This is a dead loop.
This is a dead loop.
This is a dead loop.
This is a dead loop.
This is a dead loop.
This is a dead loop.
This is a dead loop.
This is a dead loop.
This is a dead loop.
This is a dead loop.
This is a dead loop.
This is a dead loop.
This is a dead loop.

图 3.18　程序陷入死循环

避免死循环的发生是编写循环时的重要任务。确保在循环体内部的适当位置更新循环控制变量,并且循环条件能够在一定条件下变为假,以避免出现无限循环的情况。

3.3.5　break 和 continue 语句

在循环体执行的过程中,若想提前结束循环,可以利用跳出语句。C 语言中,break 和 continue 语句是可以在循环中使用的控制语句,用于改变循环的执行流程。

1.break 语句

语法格式:break;

执行过程为:用于立即终止当前所在的循环(for、while 或 do-while),即提前结束循环,不再执行循环中剩余的代码。

注意:break 语句只能用于循环语句和 switch 语句,当程序执行到 break 语句时,立即跳出所在的循环语句或 switch 语句。

例 3.17:break 语句示例程序。

程序功能:计算 1~20 整数的平方,当平方值是 5 的倍数时,就不再继续计算(见图 3.19)。

```
#include<stdio.h>
int main()
{
int i=1;
long power=0;
for (i=1; i<=20; i++)
```

58

```
{power=i * i;
if（!（power%5））
break;
//continue；注意与 continue 语句的区别
printf("\n%ld\t", power);
}
}
```

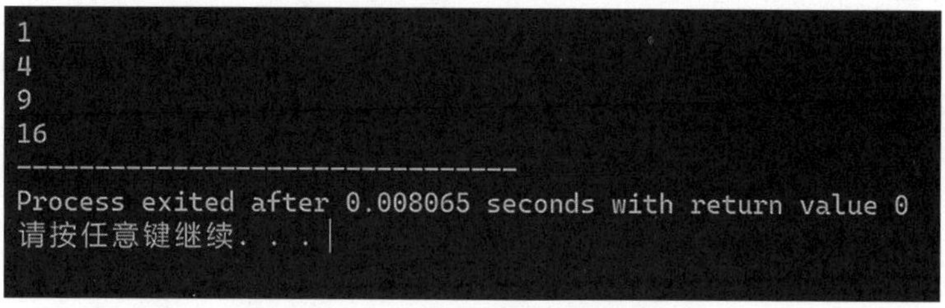

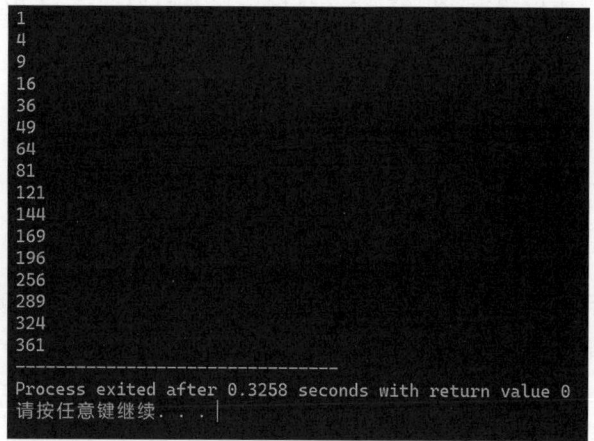

图 3.19　例 3.17 的程序运行结果

2. continue 语句

语法格式：continue；

执行过程为：用于立即跳过当前循环体内剩余的代码，直接进入下一次循环迭代。当循环条件为真时，还继续执行循环体语句。即 continue 语句的作用是不执行 continue 下面的其他循环体语句，而提前结束本次循环，但继续执行下一次循环判断。

continue 语句和 break 语句的区别：continue 语句只结束本次循环，而不是终止整个循环；break 语句是结束本层的整个循环，不再进行条件判断。

例 3.17 中将 continue 语句替换 break 语句时，程序的运行结果如图 3.20 所示。

图 3.20　例 3.17 将 continue 语句替换 break 语句时，程序的运行结果

3.4　嵌套语句

3.4.1　嵌套

在 C 语言中,可以使用花括号 {} 将多个语句组合成一个复合语句(compound statement)。复合语句可以嵌套在其他复合语句中,形成语句块(block)。

语法格式:

```
{
    //语句 1
    //语句 2
    // …
    {
        //嵌套的语句块
        //可以包含更多的语句
    }
    //语句 3
    // …
}
```

嵌套语句是指在一个语句块(如循环或条件语句)内部包含另一个语句块的情况。通过嵌套语句可以在一个语句块中嵌套其他语句块,以实现更复杂的程序逻辑。常见的嵌套语句包括在循环内部嵌套条件语句,或在条件语句内部嵌套循环,以及其他的组合。

3.4.2　循环语句嵌套

1.循环嵌套

循环嵌套是指循环体的执行语句中又包含循环语句。常见的循环嵌套结构为双重循环,是指在一个循环内部再嵌套另一个循环,也分别称为外重循环和内重循环。通过双重循环嵌套,可以在外部循环的每一次迭代中执行内部循环的多次迭代,以实现更复杂的程序逻辑。

```
(1)while( )
    {
        ⋮
        while( )
        {
            ⋮
        }
```

```
            }
(2) do
        {
    ⋮
            do
            {
    ⋮
            } while(  ) ;
        } while(  ) ;
(3) for( ; ; )
        {
    ⋮
        for( ; ; )
            {
    ⋮
            }
        }
(4) while(  )
        {
    ⋮
            do
            {
    ⋮
} while(  ) ;
    }
(5) for( ; ; )
        {
    ⋮
        while(  )
            {
    ⋮
            }
        }
(6) do
        {
    ⋮
        for( ; ; )
            {
    ⋮
```

```
        }
     }while(  );
```

2.程序举例

例 3.18：判断一个整数 num 是否为素数(见图 3.21)。

素数的定义是：只能被 1 和它本身整除的数。最简单的判断算法是让 num 被 2 到 num−1 的整数除，如果没有一个整数能除尽，则 num 是素数。数学中已经证明：判断 num 是否为素数的算法为：让 num 被 2 到 $\sqrt{num}$ 的整数除，如果能够除尽，结束循环，num 不是素数；如 num 不能被 2 到 $\sqrt{num}$ 之间的任何整数整除，则 num 是素数。

```c
#include <math.h>
#include <stdio.h>
void main( )
     {int num, i, k;
scanf("%d", &num);
     k=sqrt(num);
for (i=2; i<=k; i++)
          if (num%i==0)
break;
     if (i>=k+1)
printf("%d is a prime number \n", num);
     else
printf("%d is not a prime number \n",num); }
```

```
17
17 is a prime number

------------------------------------
Process exited after 1.41 seconds with return value 0
请按任意键继续. . .
```

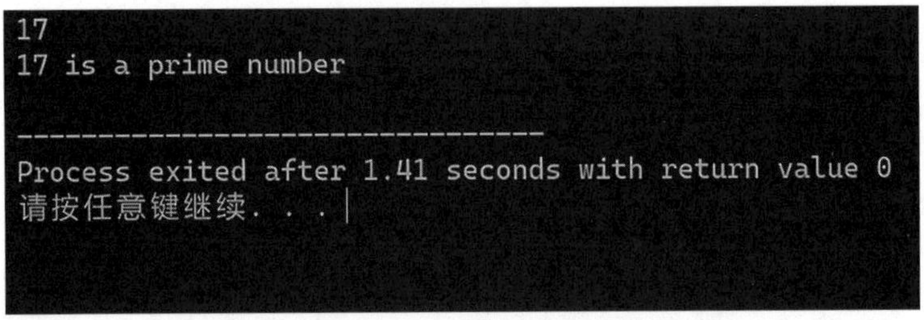

图 3.21 例 3.18 在输入 17 时的运行结果

例 3.19：区分某一指定区间[a, b]内所有数，哪些是素数，哪些不是素数(见图 3.22)。

```c
#include <math.h>
#include <stdio.h>
int main( )
{
    int lower, uper, i, j, k;
printf(" \n 请输入区间的下限和上限两个整数,用空格分开\n");
    scanf("%d   %d", &lower, &uper);
for(i=lower; i<=uper; i++){
k=(int)sqrt(i);
```

```
for (j=2; j<=k; j++)
if (i%j==0)
break;
if (j>=k+1)
printf("%d is a prime number \n", i);
else
printf("%d is not a prime number \n",i);
}
}
```

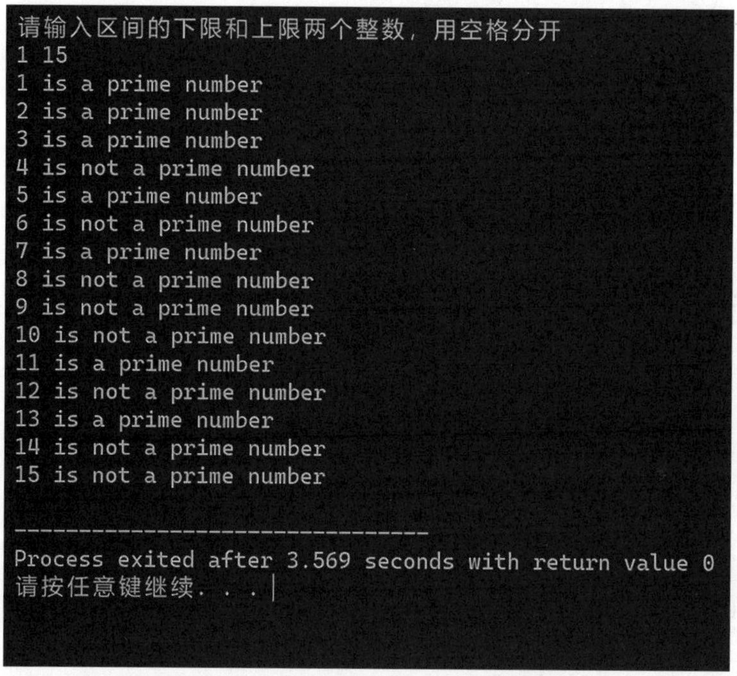

图3.22 例3.19中指定区间[1,15]的输出结果

例3.20:将例3.19中for-for-if-else嵌套,改为while-for-if-else嵌套。

```
#include <math.h>
#include <stdio.h>
int main()
{
    int lower, uper, i, j, k;
printf("\n请输入区间的下限和上限两个整数,用空格分开\n");
    scanf("%d   %d", &lower, &uper);
i=lower;
while (i<=uper){
k=(int)sqrt(i);
for (j=2; j<=k; j++)
```

```
if (i%j==0)
break;
if (j>=k+1)
printf("%d is a prime number \n", i);
else
printf("%d is not a prime number \n",i);
i++;
}
}
```

上述例子在输入相同的下上限数值时,运行结果和例3.19相同。

例3.21:将例3.20的 while-for-if-else 嵌套,改为 while-do-while-if-else 嵌套。

```
#include <math.h>
#include <stdio.h>
int main( )
{
    int lower, uper, i, j, k;
printf("\n请输入区间的下限和上限两个整数,用空格分开\n");
    scanf("%d   %d", &lower, &uper);
i=lower;
while (i<=uper){
k=(int)sqrt(i);
j=2;
do {
if (i%j==0) {
   break;
}
j++;
} while(j<=k);
if (j>=k+1)
printf("%d is a prime number \n", i);
else
printf("%d is not a prime number \n",i);
i++;
}
}
```

上述例子在输入相同的下上限数值时,运行结果和例3.20相同。

3.5　循环结构综合示例

1. 迭代法

迭代法是一种通过迭代逐步逼近问题的解的算法思想,其基本原理是利用当前的近似解来计算下一个更接近精确解的近似解,直到达到所需的精度或满足特定的终止条件。

迭代法的一般步骤如下:

(1)初始化:选择初始近似解作为迭代的起点。

(2)迭代过程:使用迭代公式或递推关系,根据当前的近似解计算下一个近似解。迭代公式通常基于问题的性质和约束条件,并且在每一次迭代中都会更新近似解。

(3)设置终止条件:定义终止条件,例如达到指定的迭代次数、近似解的变化小于某个阈值,或满足问题特定的收敛条件。

(4)输出结果:当满足终止条件时,将最终的近似解作为算法的输出结果。

迭代法的优点是简单易实现,适用于许多问题的求解。C 语言中可以利用循环语句实现迭代法。

2.迭代法程序举例

例 3.22:　编程实现如下多项式求和公式。

$$s = 1 - \frac{1}{2} + \frac{1}{3} - \frac{1}{4} + \cdots \pm \frac{1}{n}$$

分析:对于数学问题首先要明确思路和算法。该求和多项式各项的分子都是 1,分母从 1 开始递增,正负交替变化。据此规律,写出如下程序(见图 3.23)。

```c
#include <stdio.h>
void main( )
{
int i, n;
float s=0.0;
int sign=1;
scanf("%d", &n);    //输入求和项数
for (i=1; i<=n; i++) {   //确定求和项数
s+=sign*(1.0/i);   //累加每一求和项
sign=-sign;    //符号交替编号
}
printf("\ns=%f\n",s);   //输出最后的和
}
```

```
5

s=0.783333

_____
Process exited after 4.231 seconds with return value 0
请按任意键继续. . .
```

图 3.23　例 3.22 在输入 5 时的运行结果

例 3.23：编程实现如下求和公式。

$$s = 1 - \frac{1}{2} + \frac{1}{3} + \frac{1}{4} - \frac{1}{5} + \frac{1}{6} + \frac{1}{7} + \frac{1}{8} - \frac{1}{9} + \cdots \pm \frac{1}{n}$$

分析：该多项式求和比较复杂，可以从不同角度理解其规律性，当然就可以写出不同的程序来。可以这样理解：

（1）首先将各项都理解为加法，这是比上例还简单的求和。

（2）负项的规律是第一负项"2"加 3 就是第二负项"5"，第二负项"5"加 4 得到第三负项"9"，如此递推，每次都是当前位置比上一次多加 1。

按此规律编写出如下程序（见图 3.24）。

```c
#include <stdio.h>
void main( )
{
int i, n;
float s=0.0;
int sign=1;
int step=2;
int negative=0;
scanf("%d", &n);
for (i=1; i<=n; i++) {    //确定求和项数
s+=1.0/i;    //先做加运算
negative=negative+step++;  //计算负项的位置
if (negative<=n)    //负项是在求和范围内吗?
s-=2*1.0/negative;    //如果是减 2 个负项
}
printf("\ns=%f\n",s);
}
```

```
5

s=0.883333

_____
Process exited after 1.369 seconds with return value 0
请按任意键继续. . .
```

图 3.24　例 3.23 在输入 5 时的输出结果

例 3.24：利用格里高利公式 pi/4 = 1−1/3+1/5−1/7···，计算 pi 的近似值，要求最后一项小于 10^{-6} 即可（见图 3.25）。

```c
#include <stdio.h>
#include <math.h>
int main( ) {
    double pi = 0.0, term = 1.0, epsilon = 1e-6;
    int n = 1;
    while(fabs(term) > epsilon) {
        pi += term;
        n += 2;
        term = pow(-1, (n-1)/2) / n;
    }
    pi *= 4;
    printf("pi = %.10lf\n", pi);
    return 0;}
```

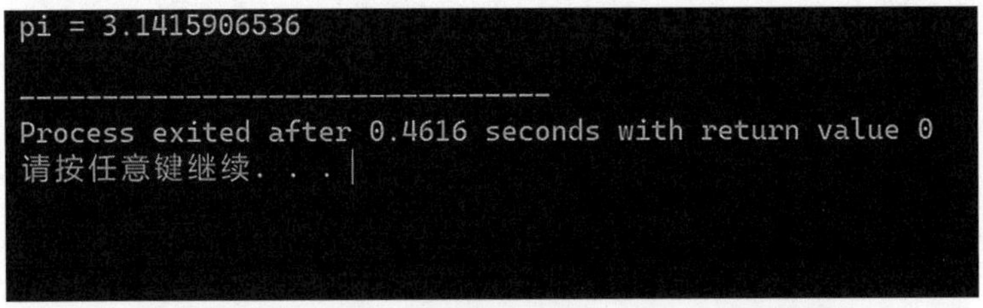

```
pi = 3.1415906536

--------------------------------
Process exited after 0.4616 seconds with return value 0
请按任意键继续. . .
```

图 3.25　例 3.24 利用格里高利公式计算 pi 的近似值

3.穷举法

穷举法是一种简单直观的算法思想,通过遍历所有可能的解空间来解决问题。穷举法的基本概念和步骤如下:

(1)定义解空间:首先,明确定义问题的解空间,即所有可能解的集合,解空间的大小取决于问题的性质和约束条件。

(2)遍历解空间:使用循环结构遍历解空间中的所有可能解。通常,使用嵌套的循环结构来处理多个变量或多个决策点的情况,每次迭代都会生成一个新的解。

(3)验证解:对于每个生成的可能解,进行验证以确定它是否满足问题的要求或约束条件,这一过程一般需经过特定计算、逻辑判断或与问题相关的条件检查。

(4)输出结果:如果找到满足问题要求的解,可以将其作为最终结果输出。

穷举法的优点是简单易懂,适用于规模较小且可枚举的问题。然而,随着解空间的增大,穷举法的计算复杂度会呈指数级增长,因此在处理大规模问题时,穷举法可能效率较低。

4.穷举法程序举例

例 3.25:已知鸡兔共有 30 只,脚共有 90 只,编写程序计算并输出鸡兔各自的只数(见图 3.26)。

```c
#include <stdio.h>
int main( ) {
```

```
        int total_num = 30;   //鸡兔共有的只数
        int total_feet = 90;   //鸡兔共有的脚数
        int chicken, rabbit;
        for(chicken = 0; chicken <= total_num; chicken++) {
            rabbit = total_num − chicken;
            if(2 * chicken + 4 * rabbit == total_feet) {
                printf("鸡的数量为:%d, 兔的数量为:%d\n", chicken, rabbit);
                break;
            }
        }
    return 0;}
```

```
鸡的数量为: 15, 兔的数量为: 15

-------------------------------------
Process exited after 0.3374 seconds with return value 0
请按任意键继续. . .
```

图 3.26　例 3.25 输出鸡兔各自的只数

练习题

一、写出以下程序的运行结果。

```
1.
从键盘输入 1 325
int main( )
{ int n1,n2;
scanf("%d",&n2);
while(n2! =0)
    { n1=n2%10;
      n2=n2/10;
printf("%d",n1);
    }
}
```

```
2.
int main( )
{int s,i;
for(s=0,i=1;i<3;i++,s+=i);
printf("%d\n",s);
}
```

二、完成程序题。

1.求某数的泰勒(台劳)级数的前 $n+1$ 项之和。x 的泰勒级数：

$$= 1 + \frac{x^1}{1!} + \frac{x^2}{2!} + \frac{x^3}{3!} + \cdots + \frac{x^n}{n!}$$

$$= 1 + \sum_{i=1}^{n} \frac{x^i}{i!}$$

```c
int main ( )
{int i,n;   float x;   float t=1.0,sum=1.0;
scanf("%f, %d", &x, &n);
for(i=1;i<n;i++){
t *= _____①_____
sum+=t;}
printf("%f", sum);
}
```

2.得到一个输入数字的反转数,然后一次输出这个整数。

```c
int main( )
{int n, right_digit, newnum = 0;
printf("Enter the number: ");
scanf("%d",&n);
printf("reverse order is   ");
do {right_digit = n % 10;
//生成所输入数字的反转数
newnum=newnum*10+right_digit;
n = _____①_____
} while (n ! = 0);
printf("%d\n",newnum);
}
```

3.输入学号,并输出其中能被 7 或 9 整除的学号,当学号输入 0 值时结束循环。

```c
int main( )
{ int   num;
do{ scanf ("%d", &num);
    if ( _____① _____)
printf("%d ", num);
    } while ( _____② _____);
}
```

三、程序设计题。

1.使用 C 语言编写程序,打印如下图案。

2.输入两个正整数 m 和 n,用辗转相除法求最大公约数和最小公倍数。

3.用键盘输入若干个数,直至输入 0 为止,输出偶数及其个数。

第 4 章 数组

引言

数组是 C 语言中非常重要和常用的数据结构之一,它能够有效地存储和操作大量相同类型的数据。数组是一种存储相同类型数据元素的连续线性数据结构,它提供了一个连续的内存块,每个元素都可以通过索引来访问。在 C 语言中,数组是由相同数据类型的元素组成的集合,每个元素在数组中都有一个唯一的索引值,用于访问和操作元素。

数组的特点主要包括以下几点:

(1)相同类型的元素:数组中的所有元素必须具有相同的数据类型,例如整数、浮点数、字符等。其原因在于数组在内存中以连续的方式存储,需要为每个元素分配相同大小的内存空间。

(2)连续的内存空间:数组的元素在内存中是连续存储的,因此可以通过索引对数据进行快速访问。即通过索引计算出元素在内存中的地址,可以直接访问该地址获取或修改元素的值。

(3)固定大小:数组在创建时需要指定大小,即可以容纳的元素数量。数组的大小是固定的,一旦定义就不能动态地改变。

本章将分别介绍 C 语言语法中的一维数组、二维数组和字符数组。

4.1 一维数组

4.1.1 一维数组的定义

一维数组在程序设计中是一种重要的数据结构,它是指通过一维的索引(也称为下标)即可以访问到数组当中的元素。在定义一维数组时,首先需要选择合适的数据类型,然后使用方括号指定数组的大小,即元素的数量。一般而言,一维数组的定义语法如下:

数据类型 数组名[常量表达式];

其中,"常量表达式"表示数组的长度,即数组中包含的元素个数。注意这个长度必须是一个正整数,用于确定数组可以存储的元素数量。以下是一维数组的定义示例:

int a [10];

float f [5 + 3];

char ch[10];

上述示例中,a 是一个包含 10 个整数的数组,f 是一个包含 8 个浮点数的数组,而 ch 是一个包含 10 个字符的数组。

需要注意的是,在定义数组时,长度必须是一个常量或符号常量,而不能是变量。这是由于数组的大小需要在编译时确定,而变量在运行时才能获得具体的值。因此,像下面这样的数组定义是错误的:

int n;

scanf("%d" , &n);

int a[n]; // 这是错误的做法,错误的原因在于,这样的定义在编译时无法确定数组的大小,因此是不合法的。

4.1.2　一维数组的初始化

在 C 语言中,一维数组的初始化是指在声明数组的同时为其赋予初值,这样可以更方便地为数组元素赋值而不必在后续的代码中逐个进行赋值操作。C 语言的初始化数组方式有多种形式。

首先,最常见的形式是在定义数组时进行初始化,通过在声明数组的同时使用花括号括起初始值,可以将值逐个赋给数组元素。例如:

int array[5] = {1, 2, 3, 4, 5};相当于先声明了一个包含 5 个整数的数组,然后逐个为其元素赋值,这种方式使得代码更紧凑,也更容易理解。

另外,也可以只给部分元素进行初始化。在这种方式下,未被显式初始化的元素会被默认赋值为 0。适用于只有少数项有确定值的情况,可以减少代码量并提高可读性。例如:int array [5] = {1}; // 只给第一个元素赋值为 1,其余元素默认为 0

还有一种形式是使用初始化列表定义数组的长度。在这种情况下,可以省略数组的长度,编译器会根据初始化列表中的元素个数自动确定数组的大小。例如:int array[ ] = {1, 2, 3, 4, 5, 6}; // 这里数组的长度会根据花括号中的元素个数自动确定为 6。

4.1.3　一维数组元素的引用

在定义了一维数组之后,可以对其中的元素进行访问。C 语言的一维数组引用形式是:数组名称[下标];

需要注意的是方括号在数组中的用途有两种:一种是在数组定义的过程中,方括号中的常

C 语言程序设计教程

量表达式决定了数组的大小;另外一种是在元素引用的时候,方括号中的整数表明了该元素的下标。其中,数组的下标是从 0 开始计数的,而数组的长度指的是数组包含的元素个数。访问数组时一定要确保下标在合法范围内,否则会导致未定义的行为。C 语言并不会进行越界检查,因此编写程序时需要谨慎确保不超出数组的有效索引范围。

根据上述规则,上述 4.1.1 中的例子,对于 a 数组来说,其元素分别是 a[0] 到 a[9];对于 f 数组来说,其元素分别是 f[0] 到 f[7];对于 ch 数组来说,其元素分别是 ch[0] 到 ch[9]。

数组的元素可以像普通变量一样进行各种操作,包括赋值、运算等。例如:numbers[2] = numbers[0] + numbers[1];实际使用中,一维数组通常搭配 for 循环语句,其中 for 循环的循环变量也作为数据的下标使用。通过这种方式,可以实现数组中元素的遍历处理。

4.1.4 一维数组程序举例

例 4.1:计算学生的总成绩和平均成绩(见图 4.1)。

```c
#include <stdio.h>

#define MAX_STUDENTS 5

int main() {
    //声明一个整数数组存储学生的成绩
    int scores[MAX_STUDENTS];
    int totalScore = 0;
    float averageScore;

    //输入每个学生的成绩
    printf("请输入每个学生的成绩:\n");
    for (int i = 0; i < MAX_STUDENTS; i++) {
        printf("学生 %d 的成绩:", i + 1);
        scanf("%d", &scores[i]);

        //累加总成绩
        totalScore += scores[i];
    }

    //计算平均成绩
    averageScore = (float)totalScore / MAX_STUDENTS;

    //输出学生的成绩和平均成绩
    printf("学生成绩列表:\n");
    for (int i = 0; i < MAX_STUDENTS; i++) {
```

```
        printf("学生 %d 的成绩:%d\n", i + 1, scores[i]);
    }
    printf("平均成绩:%0.2f\n", averageScore);

    return 0;
}
```

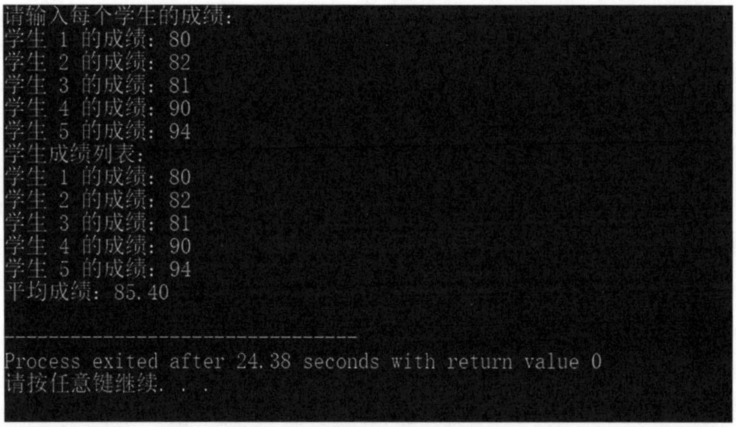

请输入每个学生的成绩:
学生 1 的成绩: 80
学生 2 的成绩: 82
学生 3 的成绩: 81
学生 4 的成绩: 90
学生 5 的成绩: 94
学生成绩列表:
学生 1 的成绩: 80
学生 2 的成绩: 82
学生 3 的成绩: 81
学生 4 的成绩: 90
学生 5 的成绩: 94
平均成绩: 85.40

Process exited after 24.38 seconds with return value 0
请按任意键继续...

图 4.1　例 4.1 的运行结果

例 4.2:查找数组中的最大值(见图 4.2)。

```
#include <stdio.h>

#define ARRAY_SIZE 7

int main() {
    int numbers[ARRAY_SIZE] = {10, 5, 8, 14, 3, 9, 12};
    int max = numbers[0]; //假设第一个元素为最大值

    for (int i = 1; i < ARRAY_SIZE; i++) {
        if (numbers[i] > max) {
            max = numbers[i]; //更新最大值
        }
    }

    //输出最大值
    printf("数组中的最大值为:%d\n", max);
    return 0;
}
```

数组中的最大值为：14
_____
Process exited after 0.1572 seconds with return value 0
请按任意键继续. . .

图 4.2　例 4.2 的运行结果

例 4.3：实现冒泡排序算法。

冒泡排序是一种简单且常用的排序算法。它通过多次比较和交换相邻元素的方式，将最大（或最小）的元素逐渐"冒泡"到数列的一端，从而达到排序的目的。

具体来说，冒泡排序的过程如下：

（1）从数列的第一个元素开始，依次比较相邻的两个元素。

（2）如果前一个元素大于后一个元素（升序排序），则交换这两个元素的位置，使较大的元素"冒泡"到后面。

（3）继续向后比较相邻的元素，重复步骤 2，直到比较到数列的倒数第二个元素。

（4）重复以上步骤，每次都将未排序部分的最大元素"冒泡"到数列的末尾。

（5）经过 n−1 次冒泡操作后，排序完成。

换句话说，冒泡排序每一趟都将当前未排序部分的最大元素放置到正确的位置上，直到整个数列都有序。

假设有 6 个无序的整数，使用以上冒泡算法排序的程序如下（见图 4.3）：

```c
#include<stdio.h>
void main( )
{
    int a[6];
    int i, j, t;
    printf("请输入 6 个无序整数:\n");
    for (i=0; i<6; i++)
        scanf("%d", &a[i]);
    printf("\n");
    for (i=0; i<5; i++)
        for (j=0; j<5-i; j++)
            if (a[j]>a[j+1])
                {t=a[j];a[j]=a[j+1]; a[j+1]=t;}
            printf("排序后的数为 :\n");
        for (i=0; i<6; i++)
        printf("%d ",a[i]);
}
```

图 4.3 例 4.3 的运行结果

例 4.4：定义了一个整数数组 crewAges 来存储船员的年龄，数组大小为 MAX_CREW_SIZE。然后，输入每个船员的年龄并输出相关信息（见图 4.4）。

```c
#include <stdio.h>
#define MAX_CREW_SIZE 10
int main( ) {
    //声明一个整数数组存储船员的年龄
    int crewAges[MAX_CREW_SIZE];
    int crewSize;

    //输入船员数量
    printf("请输入船员数量(最多%d 人):", MAX_CREW_SIZE);
    scanf("%d", &crewSize);

    //输入每个船员的年龄
    printf("请输入每个船员的年龄:\n");
    for (int i = 0; i < crewSize; i++) {
        printf("船员 %d 的年龄:", i + 1);
        scanf("%d", &crewAges[i]);
    }

    //输出船员的年龄
    printf("船员年龄列表:\n");
    for (int i = 0; i < crewSize; i++) {
        printf("船员 %d 的年龄:%d\n", i + 1, crewAges[i]);
    }

    return 0;
}
```

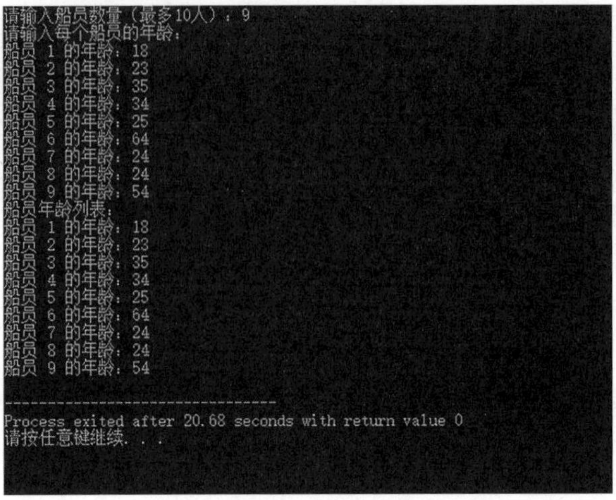

图 4.4　例 4.4 的运行结果

4.2　二维数组

4.2.1　二维数组定义

1.二维数组的定义

与一维数组的定义相似,C 语言中的二维数组是指在定义及引用元素时,需要用到二维的下标。二维数组的定义的一般形式:

类型　类型数组名[常量表达式 1][常量表达式 2]

例如:

float a[3][4];

int b[4][7];

char name[5][10];

说明:

(1)二维数组在内存中按行存放,即同一行的元素在内存中是相邻的。二维数组 a[m][n],可以看作 m 个长度是 n 的一维数组的线性排列,即先放置第 0 行的 n 个元素 a[0][0],a[0][1],...,a[0][n-1],紧接着放置第 1 行的 n 个元素 a[1][0],a[1][1],...,a[1][n-1],如此下去,最后放置第 m-1 行的 n 个元素 a[m-1][0],a[m-1][1],...,a[m-1][n-1]。整个 m×n 个元素是连续在内存中排放的,共需要连续的 m×n 个存放该类型数据的内存单元。

(2)二维数组是一个包含多行多列元素的数组。特别地,可以理解成二维数组是一维数组的延伸和发展,是一维数组的嵌套。即当一维数组的每一个元素,都是长度相同、类型相同的另一个一维数组时,就成为二维数组。

4.2.2 二维数组的初始化

二维数组也可以通过初始化的形式对其中的元素进行赋值,和一维数组初始化类似,也有多重灵活的形式。

(1)分行赋初值。通过逐行初始化来初始化二维数组,这种形式比较好理解,即将每一行的初始值用大括号括起来。例如:

int matrix[3][3] = {{1, 2, 3}, {4, 5, 6}, {7, 8, 9}}; //上述代码初始化了一个3×3的二维数组,其中的9个元素的值分别为1到9。

(2)根据线性排列,直接赋初值。这种形式和第一种形式相比,在初始化的时候去掉了每行的大括号。由于二维数组在内存中是按行存放的,因此可以通过线性排列直接将初始值赋给二维数组,同样表示逐行逐列填充初始值。例如:

int matrix[2][3] = {1, 2, 3, 4, 5, 6}; //上述代码初始化了一个2×3的二维数组,并将1到6的整数值依次填充。相当于 int matrix[2][3] = {{1, 2, 3}, {4, 5, 6}};。

(3)对部分元素赋初值。在对二维数组的元素赋初值时,也可以只给部分元素赋初值,其中,未赋初值的元素将自动初始化为0(数值类型)或空字符(字符类型)。例如:

int matrix[3][3] = {{1, 2}, {4}, {7}}; //上述代码初始化了一个3×3的二维数组,只赋值了部分元素,其中的9个元素的值分别为1,2,0,4,0,0,7,0,0。

(4)如果对全部元素都赋初值,则定义数组时对第一维的长度可以不指定,但第二维的长度不能省。例如:

int matrix[][3] = {{1, 2, 3}, {4, 5, 6}, {7, 8, 9}}; //上述代码初始化了一个3×3的二维数组,省略了第一维长度,但指定了第二维的长度,编译器会根据列数自动确定省略的行数。

4.2.3 二维数组元素的引用

二维数组中的元素本质上也是简单变量,与同类型的简单变量、一维数组的元素相比,二维数组的元素在本质上是相同的,差异主要体现在组织形式上。在二维数组中,元素通过两个索引(下标)来唯一确定。其语法格式为:

二维数组名称[行号][列号]

其中,行号和列号也都是从0开始。例如,a[3][4]表示数组中第3行第4列的元素。值得注意的是,数组的索引范围是从0到m−1(行)和从0到n−1(列),最前面的元素是a[0][0],最后面的元素是a[m−1][n−1],而不是a[m][n]。

需要注意的是,二维数组中的方括号使用也有两种形式。其中,声明为a[m][n]的二维数组时,两个方括号分别表示行数和列数,而在元素引用方式时的a[i][j]里,方括号里的i和j分别表示行索引和列索引,也称为行号和列号。

实际使用中,二维数组通常也搭配for循环语句,其中for循环的循环变量也作为数据的下标使用。

4.2.4　二维数组程序举例

例 4.5：用冒泡排序算法将 3×5 二维数组中每行元素按从小到大的顺序排序(见图 4.5)。

```c
#include<stdio.h>
void main( )
{
    int a[3][5];
    int i, j, k, t;
    printf("\n 请输入 15 个整数,空格分隔");
    for (i=0; i<3; i++)   //对二维数组每行循环
    for (j=0; j<5; j++) {   //对二维数组每列循环
    scanf("%d", &a[i][j]); //给数组元素赋值
    }
    for (i=0; i<3; i++) {   //对二维数组每行循环
    for (j=0; j<4; j++) //以下两层循环构成冒泡排序
    for (k=0; k<4-j; k++)
    if (a[i][k]>a[i][k+1]) {
    t=a[i][k];a[i][k]=a[i][k+1]; a[i][k+1]=t;
    }
    }

    for (i=0; i<3; i++) {
    for (j=0; j<5; j++) {
    printf("\t%d\t", a[i][j]);
    }
    printf("\n");
    }
}
```

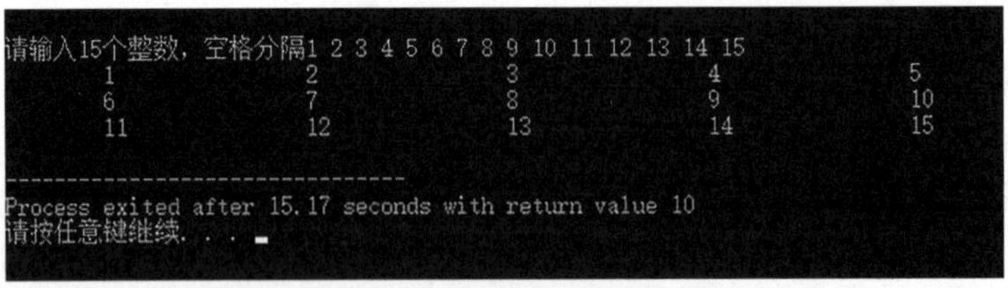

```
请输入15个整数, 空格分隔1 2 3 4 5 6 7 8 9 10 11 12 13 14 15
        1               2               3               4               5
        6               7               8               9               10
        11              12              13              14              15
--------------------------------
Process exited after 15.17 seconds with return value 10
请按任意键继续. . .
```

图 4.5　例 4.5 的运行结果

例 4.6：编写程序实现矩阵的转置(见图 4.6)。

```c
#include <stdio.h>
void main( )
{
```

```
int a[2][3]={{1,2,3},{4,5,6}};
int b[3][2],i,j;    //数组 b 用于存放转置后的数据
printf("转置前的数组为：\n");
for (i=0; i<=1; i++)
    {
        for (j=0; j<=2; j++)
            {
                printf("%5d", a[i][j]);
                b[j][i]=a[i][j];    //转置赋值
            }
        printf("\n");
    }
printf("转置后的数组为：\n");
  for (i=0; i<=2; i++)
  {
      for (j=0 ; j<=1; j++)
          printf("%5d", b[i][j]);
      printf("\n");
  }
}
```

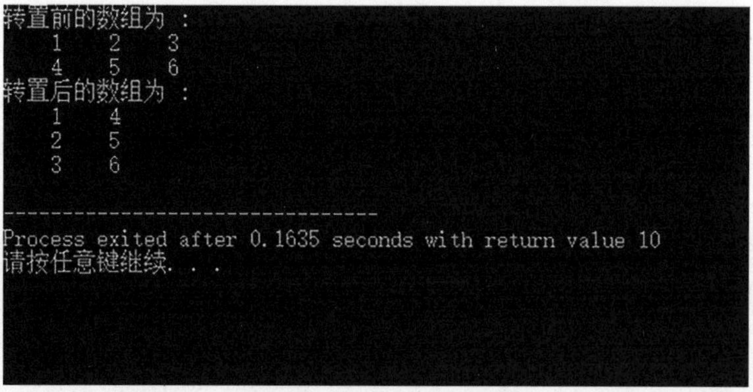

```
转置前的数组为：
    1    2    3
    4    5    6
转置后的数组为：
    1    4
    2    5
    3    6

--------------------------------
Process exited after 0.1635 seconds with return value 10
请按任意键继续. . .
```

图 4.6 例 4.6 的运行结果

4.3 字符数组

　　字符数组是指数组当中的元素都是字符型变量。由于字符数组能够有效地存储和处理字符串,即一串字符,由于字符串本质上是以字符数组的形式存储在计算机内存中的,因此 C 语言允许以字符串的形式更便捷地操作字符数组。在这一节中,主要介绍字符数组的基本语法知

识及 C 语言的字符串处理函数。

4.3.1　字符数组的声明和初始化

当涉及 C 语言中的字符数组和字符串时,理解字符数组的工作方式对于处理字符串非常重要。

1.字符数组和字符串的关系

字符数组：是一个存储字符序列的连续内存块。在 C 语言中,字符数组可以用来存储字符串,但字符数组不一定包含一个字符串。字符数组仅是一系列字符的集合,直到遇到 null 终止符('\0')才被视为字符串。

字符串：实际上是一个以 null 终止的字符数组。在 C 语言中,字符串被视为一串字符,这串字符以 null 终止符结束(即'\0')。

2.字符串的内存表示

字符串占用的内存单元数等于字符数加一,因为 null 终止符会占用一个额外的字符位置。需要注意的是,字符串的长度是指不包括 null 终止符的实际字符数。

3.初始化字符数组

C 语言中,可以通过多种方式初始化字符数组：

char str[ ] = "Hello" ;//这个初始化方式会自动在数组末尾添加 null 终止符。

char str[10] = {'H', 'e', 'l', 'l', 'o', '\0'};//手动添加 null 终止符。

char str[10] = "Hello" ;//指定数组大小并赋初值,系统会自动在末尾添加 null 终止符。

如果提供的初始化值超过了数组的大小,编译器可能会发出警告或错误。例如,char str[3] = "Hello" ;会导致编译器发出警告或错误,因为字符数组大小不足以容纳字符串及其终止符。

4.程序举例

例 4.7:用字符串给字符数组赋值和输出(见图 4.7)。

```
#include <stdio.h>
void main( )
{
    char a[10]="ABCDEFG" ; //赋值字符数要少于 10,否则会有不可预知错误
printf( "%s\n",a) ;    //从 a 代表的字符串起始地址,按字符输出,遇到'\0'结束
}
```

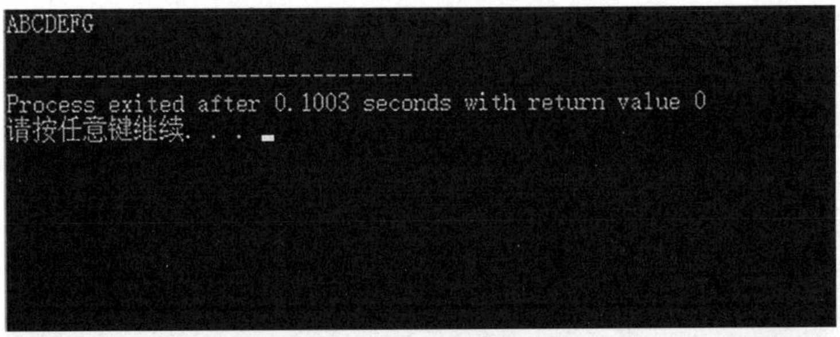

图 4.7　例 4.7 的运行结果

例 4.8：字符数组的输入和输出（见图 4.8）。

```c
#include <stdio.h>
void main( )
{
    char a[4][3];
    int i,j;
    printf("请连续输入(4×3)12 个字符(字符间不要留空格或回车)：\n");
    for (i=0; i<4; i++)
        {
            for (j=0; j<3; j++)
                {
                    scanf("%c", &a[i][j]);
                }
        }
    printf("输出数组内容：\n");
    for (i=0; i<4; i++)
    {
        for (j=0 ; j<3; j++)
            printf("%c\t", a[i][j]);
        printf("\n");
    }
}
```

在上述示例中,输入时必须连续输入 12 个字符,然后回车。

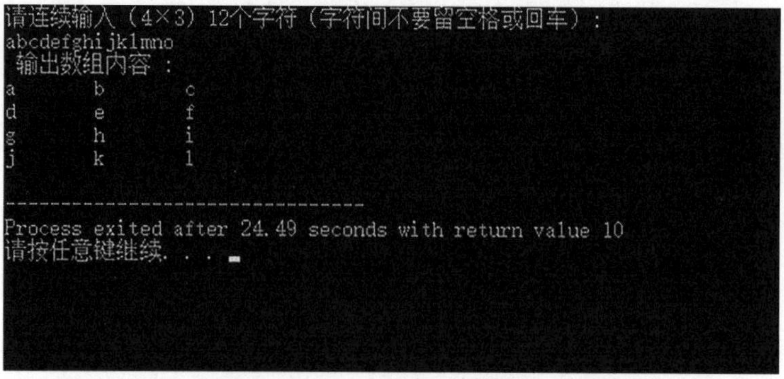

图 4.8　例 4.8 连续输入 12 个字符的运行结果(12 个以后无效)

例 4.9:使用字符数组来管理船员姓名的示例程序(见图 4.9)。

```c
#include <stdio.h>
#include <string.h>

#define MAX_CREW_SIZE 100
#define MAX_NAME_LENGTH 50

int main( ) {
    char crew[MAX_CREW_SIZE][MAX_NAME_LENGTH];

    //添加船员姓名
    strcpy(crew[0], "张三");
    strcpy(crew[1], "李四");
    strcpy(crew[2], "王五");

    int crewSize = 3;

    //打印船员姓名
    printf("船员姓名:\n");
    for (int i = 0; i < crewSize; i++) {
        printf("%s\n", crew[i]);
    }

    return 0;
}
```

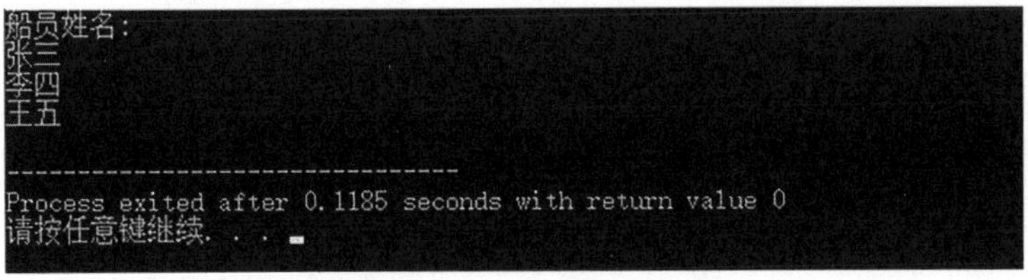

图 4.9　例 4.9 的运行结果

4.3.2　字符输入和输出函数

在 C 语言中,字符的输入和输出是通过标准库中的函数来实现的。getchar( )和 putchar( )是两个常用的字符输入输出函数,提供了简便的方式来处理单个字符的输入和输出操作。

1.getchar( )函数

getchar( )函数用于从标准输入(通常是键盘)读取一个字符。

其语法格式为:

getchar( );

运行到该函数时,程序会等待用户输入一个字符,然后将该字符作为整数返回,返回的整数值实际上是字符的 ASCII 码值。以下是一个关于该函数的使用示例:

```c
#include <stdio.h>

int main( ) {
    int ch;
    printf("Please enter a character: ");
    ch = getchar( );
    printf("You entered: %c\n", ch);
    return 0;
}
```

在上述例子中,程序将用户输入的一个字符保存在变量 ch 中,然后通过 printf 函数输出用户输入的字符。

2. putchar( )函数

putchar( )函数用于向标准输出(通常是屏幕)输出一个字符。

其语法格式为:

putchar(character);

该函数接受一个 character 参数,实际上是一个字符的 ASCII 码值,并将对应的字符输出到标准输出设备。以下是一个关于该函数的使用示例:

```c
#include <stdio.h>

int main( ) {
    char ch = 'A';
```

```
printf("Using putchar to output a character: ");
putchar(ch);
printf("\n");
return 0;
}
```

在上述例子中,通过 putchar() 函数输出字符'A'到屏幕上。

例 4.10:getchar() 和 putchar() 的联合使用(见图 4.10)。

```
#include<stdio.h>
void main()
{
char c;
c=getchar();
putchar(c);
}
```

```
4
4
------------------------------------
Process exited after 3.53 seconds with return value 52
请按任意键继续. . .
```

图 4.10   例 4.10 的运行结果

4.3.3   字符串处理函数

C 语言提供了一些常用的字符串处理函数,这些库函数定义在标准库 string.h 中,即在使用过程中需要包含 string.h 文件。以下分别介绍常用的字符串处理函数。

1.gets() 函数和 puts() 函数

这两个函数在 C 语言中用于输入或输出一行字符,两个函数的语法格式为字符串输入函数:gets(字符数组名) 和字符串输出函数:puts(字符数组名)

需要注意的是这两个函数属于 C 语言标准输入输出函数,在实际使用过程中,可以不用包含 string.h 文件。

例 4.11:用 gets() 和 puts() 对字符数组的输入和输出(见图 4.11)。

```
#include<string.h>
#include <stdio.h>
void main()
{
char a[]="DaLian Maritime University, \nLiaoNing\nChina";
puts(a);
printf("\n 请输入字符串,以回车结束\n");
gets(a); //如输入"We are learning C language."
putchar('\n'); //输出换行符
```

```
    puts(a);//输出a数组中的字符串
}
```

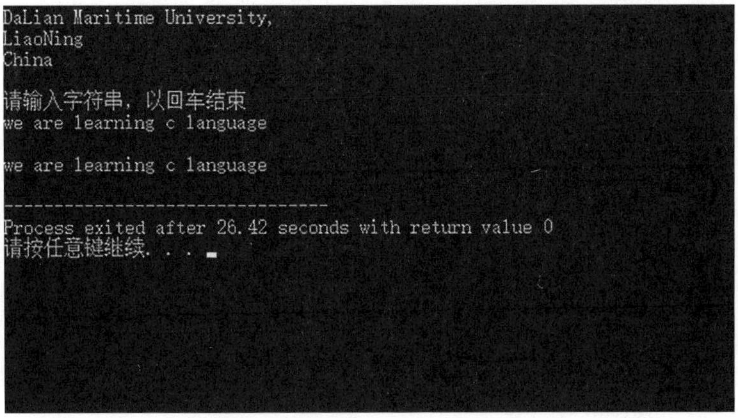

图4.11 例4.11的运行结果

2.strcpy( )函数

strcpy( )函数是C语言中用于字符串复制的函数,该函数的功能是将一个字符串复制到另一个字符串中。

语法格式:

strcpy(字符串1,字符串2)

strcpy( )函数有两个参数,分别代表两个字符串,函数功能是将字符串2复制到字符串1中。需要注意的是,函数中前面字符数组长度应该比后面的字符串的字符数至少多1。

例4.12:使用strcpy( )复制字符串(见图4.12)。

```
#include <stdio.h>
#include<string.h>
void main( )
{
    char a[ ] = "DaLian";
    char b[7];
    strcpy(b,a);
    puts(b);
}
```

图4.12 例4.12的运行结果

需要注意的是:strcpy(b,a)改写成b=a是错误的,因为数组名b和a都是地址常量,不能被赋值。

3.strlen( )函数

strlen( )函数用于测量字符串的实际长度。

语法格式：

函数 strlen(字符串量值)

该函数的功能是遍历字符串 str 中的字符,直到遇到字符串结束符 \0,返回遍历过程中的字符数。

例 4.13：
```c
#include <stdio.h>
#include<string.h>
void main( )
{
    char a[ ] = " DaLian" ;
    int len;
    len = strlen( "Chian" ) ;
    printf( " \n%d\t" ,len) ;
    len = strlen( a) ;
    printf( " \n%d\t" ,len) ;
}
```

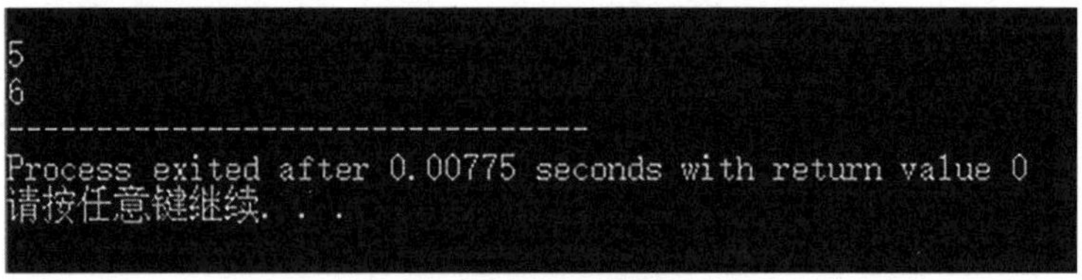

图 4.13 例 4.13 的运行结果

4.strcat( )函数

strcat( )函数是 C 语言中用于字符串拼接的函数,该函数的功能是将一个字符串拼接到另一个字符串的末尾。

语法格式：strcat(字符数组,字符串量值)

需要注意的是"字符数组"要有足够的长度容纳拼接后的字符串,否则会出现不可预知的错误。

例 4.14：字符串的拼接和输出(见图 4.14)。
```c
#include <stdio.h>
#include<string.h>
void main( )
{
    char a[30] = " DaLian Maritime" ;
    strcat( a,"University" ) ;
    puts( a) ;
```

```
putchar('\n');
}
```

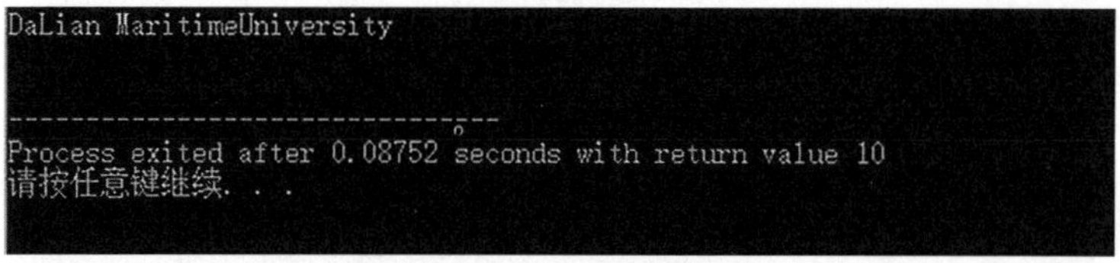

图 4.14 例 4.14 的运行结果

5.strcmp( )函数

strcmp( )函数是 C 语言中用于比较两个字符串的函数,该函数的功能用来判断两个字符串是否相等。

语法格式：strcmp(字符串量值 1,字符串量值 2)

字符串比较函数的几点说明：

①对两个字符串中的字符自左至右按 ASCII 码逐个进行比较,直到出现不同的字符或遇到 \0 为止。

②全部字符相同,则认为相等,函数返回 0。

③出现不相同字符,若"字符串量值 1"中字符 ASCII 码大于"字符串量值 2"中对应字符 ASCII 码,就说"字符串 1"大于"字符串 2",函数返回一正数。

④出现不相同字符,若"字符串量值 1"中字符 ASCII 码小于"字符串量值 2"中对应字符 ASCII 码,则说"字符串 1"小于"字符串 2",函数返回一负数。

需要注意的是:在比较字符串时,不是比较字符串长度,并且 if (str1 = = str2) 的比较也是错误的。

例 4.15:查找有无指定船员的存在(见图 4.15)。该例子属于字符串比较示例,融合了二维字符数组、字符、字符串操作函数,语句嵌套和 break 及 continue 语句的使用。

```
#include<stdio.h>
#include<string.h>
void main( )
{
int i,j;
char tem[10];
char name[3][10]={"LiLiang","WangFang","ZhangHong"};
printf("\n 现有人员:\n");
for (i=0; i<3; i++)
puts(name[i]); //循环输出二维数组中的每行——字符串
printf("\n 请输入姓名,系统会输出该船员在数组中的位置:\n");
gets(tem); //输入一个名字
for(i=0; i<3; i++) {
if (! strcmp(tem,name[i])){ //将输入的名字和数组每行存放的字符串比较
puts(name[i]); //比较相等后,输出该名字
```

```
puts("编号为:");
printf("%d\n",i);  //输出该名字在数组中的位置
break;  //跳出循环
}
else
continue;  //循环进行下一次比较
}
if (i>=3)  //已经完成了字符数组三行的比较
puts("没有该人\n");
}
```

图 4.15　例 4.15 的运行结果

练习题

一、程序编写题目

1. 从键盘输入一组整数,然后计算并输出这组整数的平均值。
2. 从键盘输入一组整数,然后将这组整数按照升序排序,并输出排序后的结果。
3. 从键盘输入一个字符串,然后统计并输出该字符串中的字母、数字和其他字符的个数。
4. 从键盘输入一个字符串,然后反转该字符串,并输出反转后的结果。
5. 从键盘输入一个字符串,然后判断该字符串是否是回文字符串(正读和倒读都相同),输出判断结果。

第 5 章

结构体、共用体和枚举类型

引言

在基本数据类型的基础之上,C 语言还允许开发者定义自己的数据类型,主要包括结构体、共用体和枚举类型。它们为 C 语言提供了强大的数据表示和组织能力,使得程序更具结构性、可扩展性和可读性,同时提供了灵活的数据操作方式。

5.1 结构体类型

结构体类型是一种自定义的数据类型,允许将不同类型的数据组合在一起,形成一个新的数据类型。结构体类型在许多情况下都非常有用,特别是需要组合不同类型的数据,使得代码更具可读性、可维护性和灵活性。例如表示一个学生的信息,包含姓名、年龄、成绩等多个属性,这种组合数据的方式使得程序更易读、易维护,并且方便进行操作和传递。

5.1.1 结构体变量的声明

1.结构体类型定义

在 C 语言中允许使用 struct 关键字定义结构体类型,其语法格式为:

struct 结构体类型名 {

成员类型 1 成员名 1;

成员类型 2 成员名 2;

    // ...

｝；

其中,结构体类型名是自定义的结构体类型名称;成员类型是每个成员的数据类型,可以是任何合法的数据类型,包括基本数据类型(如整数、浮点数等)、数组、指针或其他结构体类型;成员名是每个成员的名称,用于在结构体内部引用成员,成员之间用分号进行间隔。

例如:

struct Person｛

int id;

char name[10];

｝;//创建了一个结构体类型 Person,该类型含有两个成员,分别是 id 和 name,它们的类型是整型和一维数组。

此外,需要注意的是,结构体类型在定义时是允许嵌套定义的。

例如:

struct student

｛

int num;

　　char name[20];

　　int age;

　　struct

｛

int month;

int day;

int year;

｝birthday;

｝student1,student2;

上述示例中定义了一个 struct student 的结构体类型,在该类型的 birthday 成员也是结构体类型,即成员是结构体的结构体类型,也就是上文提到的结构体类型允许嵌套定义。

2.结构体变量的定义与使用

(1) 结构体变量定义

在定义了结构体类型之后,就可以用该结构体类型定义结构体变量。

语法格式为:struct 结构体类型名　结构体类型变量;

例如:

struct Person Li, Wang;

该示例表示定义了两个 Person 类型的变量 Li、Wang。需要注意的是,"Person LiLi, WangQiang;"也可以声明结构体变量,但在有些 C 编译环境通不过。

此外,结构体变量的定义还可以在定义结构体类型的同时进行声明。

例如:struct Person｛

int id;

char name[10];

｝Li, Wang;//也可在创建类型的同时,声明变量。

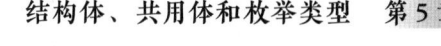

（2）结构体成员引用

结构体成员引用一般形式为：结构体变量名.成员名

需要遵循的几条规则如下：

①不能将一个结构体变量作为一个整体进行赋值和输出；只能对各个成员分别输出。

printf("………..", student1)；错误

printf("%d", student1.num)；正确

②若成员本身又属一个结构体类型，只能对最低级的成员进行赋值或存取以及运算。

如：student1.birthday.year

③对成员变量可以像普通变量一样进行各种运算，如：

sumage=student1.age+student2.age；

④可以引用成员的地址，也可以引用结构体变量的地址，如：

scanf("%d",&student1.num)；

printf("%o",&student1)；

（3）结构体变量的初始化

结构体变量的初始化是指在定义变量的同时为各个成员进行赋值。

struct Person Li={5, "LiLi"}；//C 格式

Person Li={5, "LiLi"}；//C++格式

Person Wang=Li；//同类型结构体变量可以相互赋值。

3.Typedef

在程序设计中，为了增加程序的可读性，可以对已有的简单类型重新命名。C 语言使用动词词性的关键字 typedef 在现有类型基础上来定义新的类型名（名词），定义的格式为：

typedef <已有类型名> <新类型名>

例如：

typedef int Person；//定义 Person 是 int 类型，它们是等价的。

Person engineer；　<==>（等价于）　　int engineer；

typedef double Currency；//定义 Currency 是 double 类型，它们是等价的。

Currency wage；<==>　double wage；

为了减少类型定义的烦琐性，在大型程序设计中，往往将特定维数和长度的数组定义为专门的类型名。

一维数组类型定义语句格式为：typedef 已有类型名　新类型名[数组长度]

二维数组类型定义语句格式为：typedef 已有类型名　新类型名[数组长度1][数组长度0]

例如：

typedef　int　Count[100]；　//定义新类型名 Count，它是长度为 100 的整型数组类型。

int a[100]；<==> Count a；

typedef char Two_Dim[3][4]；//定义新类型名 Two_Dim，它是 3 行 4 列的字符数组类型。

Two_Dim a；<==> char a[3][4]；

typedef 是 C 和 C++ 中的一个关键字，用于为已有的数据类型创建一个新的别名。其主要用途是为复杂的类型定义提供更简洁、可读性更高的名称，并增加代码的可维护性。使用 typedef 时，要注意几点：

（1）用 typedef 可以把已有的各种类型名定义成新的类型名，但不能直接定义变量。

（2）typedef 只是对已有的数据类型名增加一个新的替换名，并不能创造新的数据类型，也不能取代现有的数据类型名。现有的数据类型名可以继续使用。

（3）用 typedef 定义了一个新类型后，可以再用 typedef 将新类型名定义成另一个新的类型名，即嵌套定义。

4.程序举例

例 5.1：一个使用自定义类型的示例程序，程序中使用了 typedef 定义的简单类型和结构体类型（见图 5.1）。

```c
#include <stdio.h>
#include <string.h>
typedef int   Score[3]; //定义长度 3 的 int 数组类型 Score
typedef char Name[10];  //定义长度 10 的 char 数组类型 Name
struct Person{   //定义结构体类型 Person
int id;
Name name;
Score score;
};

void main()
{
int i;
Person LiLi;
printf("\n 请输入整数编号,回车结束:");
scanf("%d",&LiLi.id);
getchar();  //吃掉回车符号,避免被下一个输入语句接收
printf("\n 请输入姓名字符串,回车结束");
gets(LiLi.name);
printf("\n 请输入三门课的整数成绩,每门成绩以回车结束\n");
for (i=0; i<3; i++) {
scanf("%d",&LiLi.score[i]);
getchar();
}
printf("\n%d    %s   %d    %d    %d\n",LiLi.id,LiLi.name, \
LiLi.score[0],LiLi.score[1],LiLi.score[2]);
}
```

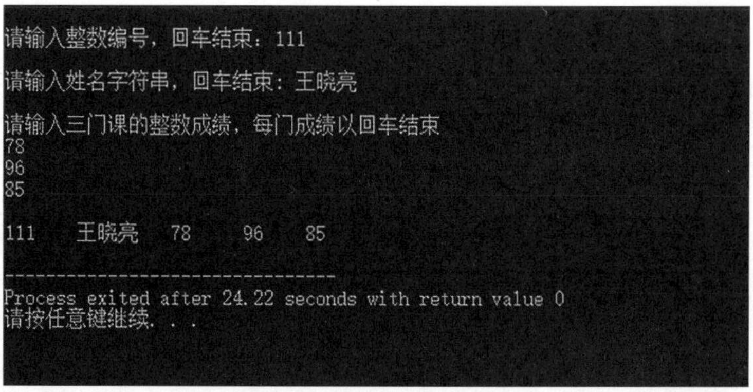

请输入整数编号，回车结束：111

请输入姓名字符串，回车结束：王晓亮

请输入三门课的整数成绩，每门成绩以回车结束
78
96
85

111　　王晓亮　78　　96　　85

Process exited after 24.22 seconds with return value 0
请按任意键继续. . .

图 5.1　例 5.1 的运行结果

例 5.2：将 typedef 类型定义方法应用到结构体类型，上例可以改写成如下形式：

```c
#include <stdio.h>
#include <string.h>
typedef int   Score[3];
typedef char Name[10];
struct Person{
int id;
Name name;
Score score;
};
typedef Person PersonDef;
void main()
{
int i;
PersonDef LiLi;
printf("\n请输入整数编号,回车结束:");
scanf("%d",&LiLi.id);
getchar();
printf("\n请输入姓名字符串,回车结束");
gets(LiLi.name);
printf("\n请输入三门课的整数成绩,每门成绩以回车结束\n");
for (i=0; i<3; i++) {
scanf("%d",&LiLi.score[i]);
getchar();
}
printf("\n%d    %s    %d    %d    %d\n",LiLi.id,LiLi.name, \
LiLi.score[0],LiLi.score[1],LiLi.score[2]);
}
```

例 5.2 的运行结果和例 5.1 相同。

5.1.2 结构体数组

1.结构体数组的定义

结构体数组是由多个结构体元素组成的数组,每个元素都是相同的结构体类型,可以使用以下语法来定义结构体数组:

struct 结构体类型名 数组名[数组长度];

例如:

```
struct Student {
    char name[50];
    int age;
    float score;
};
struct Student studentArray[5];
```

在上面的示例中,定义了一个名为 Student 的结构体类型,它包含了学生的姓名、年龄和分数。然后,使用 struct Student 来声明一个名为 studentArray 的结构体数组,该数组包含 5 个 Student 类型的元素。

2.结构体数组的使用

(1)结构体数组元素中某一成员的引用

stu[0].name 表示 stu 的第 1 个元素的 name 成员项

stu[4].age 表示 stu 的第 5 个元素的 age 成员项

(2)结构体数组元素的赋值

可将一个结构体数组元素赋给同一结构体数组中的另一个元素,或者赋给同一类型的变量。

stu[1] = stu[2];

stu[4] = stu[5];

注意:结构体数组元素的输入和输出只能将单个成员项进行输入和输出,而不能把结构体数组元素作为一个整体直接进行输入和输出。

3.程序举例

例 5.3:用结构体数组实现了多名学生成绩的输入和输出(见图 5.2)。

```
#include <stdio.h>
#include <string.h>
typedef int   Score [2];   //定义 int 型的,长度 2 的数组类型 Score。
typedef char Name [10]; //定义 char 型的,长度 10 的数组类型 Name。
struct Person{          //定义结构体类型 Person。
int id;
Name name;     //name 为字符数组。
};
struct Student{         //定义结构体类型 Student。
```

```
struct Person id_name;    //Student 类型中,含有 Person 类型的变量。
Score score;          //score 为整型数组。
};
void main( )
{
int i,j;
struct Student students[3];    //定义结构体类型 Student 型的数组 students,长度是 3 。
for (j=0; j<3; j++) {
printf(" \n 请输入整数编号,回车结束:");
scanf("%d",&students[j].id_name.id);
getchar( );   //吃掉回车,避免作为姓名输入。
printf(" \n 请输入姓名字符串,回车结束\n");
gets(students[j].id_name.name);
printf(" \n 请输入两门课的整数成绩,每门成绩以回车结束\n");
for (i=0; i<2; i++) {
scanf("%d",&students[j].score[i]);
getchar( );
}
}
for (j=0; j<3; j++) {
printf(" \n%d    %s   %d     %d    \n",students[j].id_name.id, students[j].id_name.
name, students[j].score[0],students[j].score[1]);
}
}
```

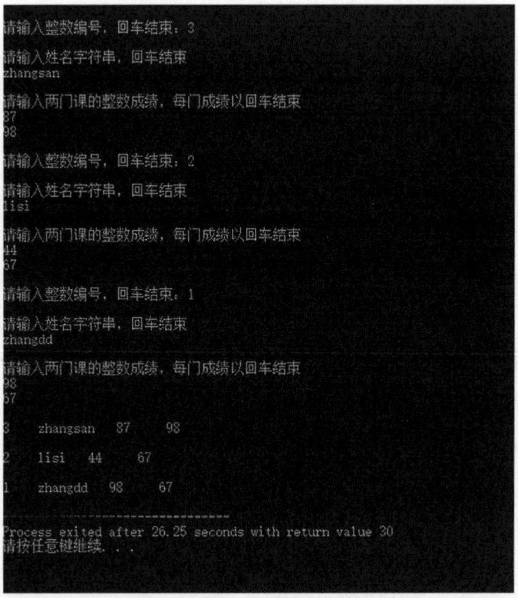

图 5.2　例 5.3 的运行结果

例 5.4：简单的结构体船员程序示例，展示了如何使用结构体来管理船员的信息（见图 5.3）：

```c
#include <stdio.h>
#include <string.h>

#define MAX_CREW_MEMBERS 100

struct CrewMember {
    char name[50];
    int age;
    char nationality[50];
};

int main() {
    struct CrewMember crew[MAX_CREW_MEMBERS];

    //添加船员信息
    strcpy(crew[0].name, "John");
    crew[0].age = 30;
    strcpy(crew[0].nationality, "USA");

    strcpy(crew[1].name, "Maria");
    crew[1].age = 28;
    strcpy(crew[1].nationality, "Spain");

    strcpy(crew[2].name, "Li");
    crew[2].age = 35;
    strcpy(crew[2].nationality, "China");

    //打印船员信息
    printf("Crew Members:\n");
    for (int i = 0; i < 3; i++) {
        printf("Name: %s\n", crew[i].name);
        printf("Age: %d\n", crew[i].age);
        printf("Nationality: %s\n", crew[i].nationality);
        printf("\n");
    }

    return 0;
```

```
}
```

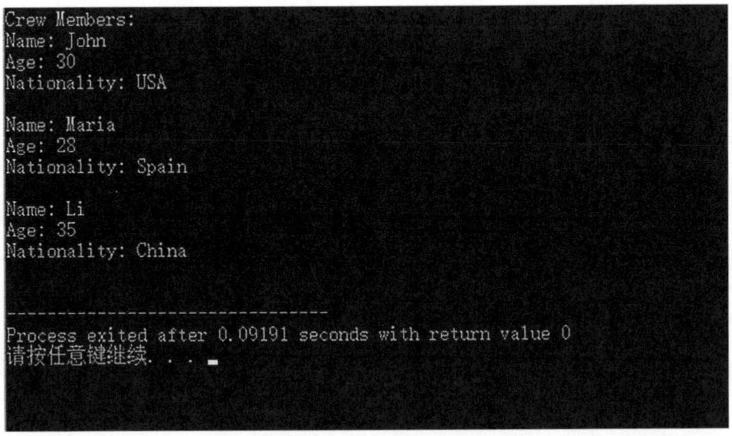

图5.3　例5.4的运行结果

在上面的示例中,定义了一个结构体 CrewMember 类型,包含船员的姓名、年龄和国籍。然后,在 main 函数中创建了一个 crew 数组,用于存储船员的信息。接下来,添加了三个船员的信息到 crew 数组中,分别是 John、Maria 和 Li。每个船员的姓名、年龄和国籍通过结构体成员进行赋值。最后,使用 printCrewMember 函数打印船员的信息。通过遍历 crew 数组,依次将每个船员的信息传递给 printCrewMember 函数进行输出。

5.2　共用体类型

1.共用体的概念、类型定义和变量声明

类似于结构体,共用体是一种自定义类型。该类型使用覆盖技术将几个不同类型的变量置于同一段内存,虽然它们各自占的内存长度不同,但起始地址相同。所消耗的内存以不同类型中消耗内存多的类型为准,但在每个瞬间只能存放其中一个量值。通常来说,共用体变量用于几个不同类型变量互相排斥的使用情况。

(1)共用体类型定义

union 共用体名

{成员表列

}变量表列;

例如:

union data

{int i;

char ch;

float f;

}a, b, c;

结构体和共用体机制上的区别:

理论上,结构体变量每个成员分别占有自己的内存单元,结构体变量所占内存量是各成员各自占的内存量的和。共用体变量所占内存量是需要最多内存的成员所占内存,即各个成员共享这段内存。

（2）共用体变量引用

引用方法类似结构体,如 a.ia.cha.f。注意:只能引用共用体成员,而不能引用共用体变量。下面是错误的:printf("%d", a);

如经过以下 3 次赋值后,只有 a.f=1.5 有效。

a.i=1;

a.ch='a';

a.f=1.5;

2.共用体类型的再定义

可以用 typedef 将已经定义的共用体类型定义为其他简洁、方便的名字。

3.程序举例

例5.5:对如下数据进行管理,对教师（"T"）要注明职务（"position"）,对学生（"S"）要注明班级（"class"）（见图5.4）。（由于数据的不完全一致,对班级和职务要用到共用体。）

name	num	sex	job	class
				position
Li	1011	F	S	501
Wang	2085	M	T	prof

要求:从键盘输入两条数据（一条为学生信息,一条为教师信息）,然后输出。

```
#include<stdio.h>
struct
{int num;
  char name[10];
  char sex;
  char job;
  union
   {int Class;
    char position[10];
   }category;
}person[2];
main()
  {int n, i;
  for (i=0; i<2; i++)
    { scanf("%d %s %c %c",&person[i].num, person[i].name,&person[i].sex, &person[i].job);
```

```
    if (person[i].job=='s')
        scanf("%d", &person[i].category.Class);
    else if (person[i].job=='t')
        scanf("%s", person[i].category.position);
    else printf("\ninput error!");
    }
printf("\n");
    printf("No.      name      sex    job      class/position\n");
    for (i=0; i<2; i++)
        {if (person[i].job=='s')

            printf("%-6d%-10s%-10c%-10c%-6d\n", person[i].num,
                        person[i].name, person[i].sex, person[i].job,
                        person[i].category.Class);

        else
            printf("%-6d%-10s%-10c%-10c%-6s\n", person[i].num,
                        person[i].name, person[i].sex, person[i].job,
                        person[i].category.position);

        }
    }
```

```
1011 Li F s
501
2085 Wang M t
prof

No.    name    sex   job    class/position
1011  Li       F       s          501
2085  Wang     M       t          prof

--------------------------------
Process exited after 63.76 seconds with return value 43
请按任意键继续. . .
```

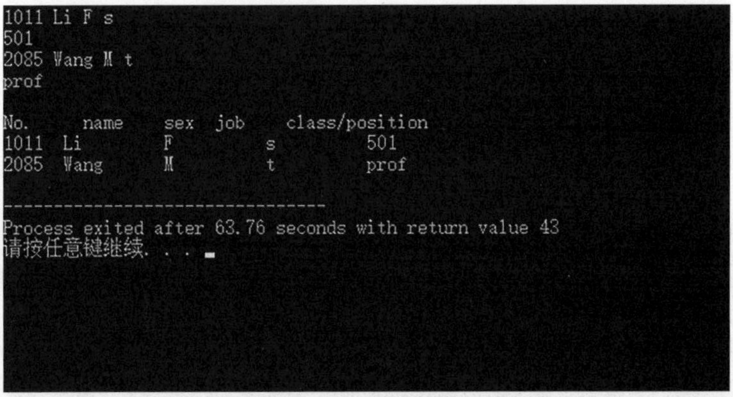

图 5.4　例 5.5 的运行结果

5.3　枚举类型

枚举类型是一种用来定义命名常量的数据类型,如果变量只有几种可能的值,可以定义为枚举类型。枚举类型定义方法举例如下:

enum　weekday　{sun, mon, tue, wed, thu, fri, sat};

99

上述例子定义了一种类型叫 weekday,它是枚举类型(enum)。之后可以声明该类型的变量了,注意该类型变量的值只能是 sun, mon, tue, wed, thu, fri, sat 中的某一个,而不能是其他值。变量声明方法举例如下:

enum weekday workday, week_end;

workday = mon;

week_end = sum;

说明:

(1)在编译时,对枚举元素按常量处理,即符号常量,它们不是变量,不能对它们赋值。如 sun = 0; mon = 1 是错误的。

(2)枚举常量的默认值是按顺序定义的。分别是 0,1,2,…。如在上面的定义中 sun 值是 0, mon 的值是 1,…, sat 的值是 6。也可以改变默认值。如 enum weekday {sun = 7, mon = 1, tue, wed, thu, fri, sat};这时从 tue 开始在 mon 值基础上顺序加 1。tue 是 2,fri 是 5。

(3)枚举值可以用来比较。如 if(workday = = mon)…; if (workday>sun)…mon 和 sun 就是定义时的值。

(4)一个整数不能直接赋给一个枚举变量。如 workday = 2;是错误的。因为 2 是 int 型,而 workday 是 neum weekday 型。所以需要强制类型转换 workday = (enum weekday)2。

例 5.6:已知今天是星期日,编写一个程序,求若干天后是星期几(见图 5.5)。

```c
#include <stdio.h>
void main( ) {
        int n;
        enum {sun,mon,tue,wed,thu,fri,sat} day;
        char weekday[7][7] = {"Sunday","Monday","Tuesday", "Wednsday","Thursday","Friday","Saturday"};
        printf("输入间隔天数:");
        scanf("%d",&n);
        day = sun;
printf("今天是%s,%d 天后是%s.\n",weekday[day],n,weekday[(day+n)%7]);
}
```

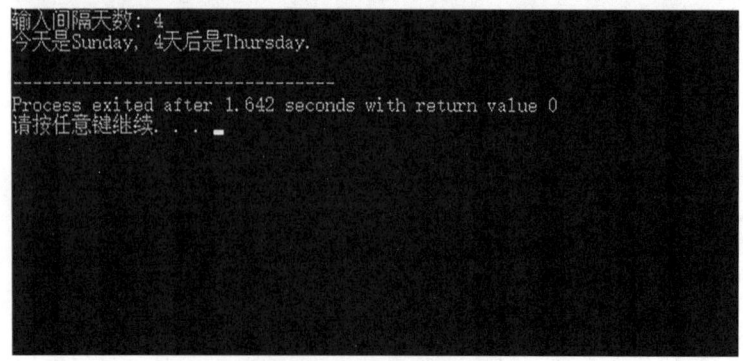

图 5.5　例 5.6 的运行结果

一、程序编写题目

1.从键盘输入 5 个学生的成绩,计算所有学生的平均成绩和不及格的人数(学生基本属性包括学号、姓名、性别、成绩)。

2.从键盘输入 5 个学生的成绩,按学生总分进行排序(学生基本属性包括学号、姓名、性别、三门成绩、总成绩)。

第 6 章
指针

引言

内存是计算机中用于存储和处理数据的硬件设备,是一个连续的、编号的存储单元集合,每个存储单元都有一个唯一的地址,并按照地址的顺序进行编号,通常以二进制或十六进制表示。内存地址就是用于唯一标识内存中的存储单元的数值,每个存储单元都被分配一个地址,通过该地址可以定位和访问存储在该单元内的数据。

内存地址在计算机编程中具有多种用途,以下是一些常见的应用:

(1)变量和数据访问:通过使用内存地址,程序可以直接访问和操作存储在内存中的变量和数据,从而实现对数据的灵活操作。

(2)动态内存分配:通过动态内存分配函数(如 malloc、calloc 和 realloc),程序可以在运行时请求和释放内存,以适应不同的数据需求和算法。

(3)函数和参数传递:通过将变量的地址传递给函数,可以在函数内部直接修改变量的值,而不需要进行复制,提高程序的效率和节省内存空间。

(4)底层编程和操作系统:在底层编程和操作系统开发中,内存地址的使用更为重要。操作系统使用内存地址来管理进程的虚拟内存空间和物理内存的分配,实现对硬件设备和外围设备的访问和控制。

在 C 语言中,指针是一种特殊的数据类型,也是 C 语言的一个重要概念与特色所在,用于存储变量的内存地址。通过指针相关操作,允许 C 语言程序访问和操作内存中的数据,实现数据的存储、传递和处理。

6.1 指针的含义

6.1.1 指针的定义

1.变量的三层含义

在本章中,结合内存地址信息,需要从新视角重新认识变量概念。在这种新视角下,变量的3层含义:(1)变量名;(2)变量地址;(3)变量值。

(1)变量名:变量名是用来标识一个变量的唯一名称,是程序中给定变量的标识符,用于在代码中引用和访问该变量。如前面章节所述,变量名通常由字母、数字和下划线组成,并且必须遵循一定的命名规则和约定。

(2)变量地址:变量地址是指变量在计算机内存中的存储位置。每个变量在内存中都有一个唯一的地址,通过该地址可以访问和操作变量的数据。变量地址是一个表示内存单元的数值,通常以十六进制或十进制形式表示。对于变量来说,可以利用取地址运算符 & 获取变量 a 的内存地址。例如 &a 表示变量 a 在内存中的起始地址。

(3)变量值:变量值是指变量当前存储的数据内容。通过变量名,可以读取和修改变量的值,以及在程序中进行各种计算和操作。

概括来说,变量名用于标识变量,变量地址用于定位变量在内存中的位置,而变量值则表示变量当前存储的数据内容。三个层面共同描述了变量在编程中的不同方面,理解变量的三层含义有助于正确理解和操作变量,在程序开发中进行变量声明、赋值和使用时更加准确和有效。

在实际编程中,程序通过变量名使用变量值,变量的值是可变的,但变量的地址值却是常量,即变量在内存中的位置是确定的。计算机只能通过变量地址使用变量值,计算机并不真正认识变量名,只是通过变量名到变量地址的映射变换来引用变量。如图 6.1 所示,a 的值可以被赋值为其他数,如 20,30 等,但 a 地址就是 3B4A,是不变的。

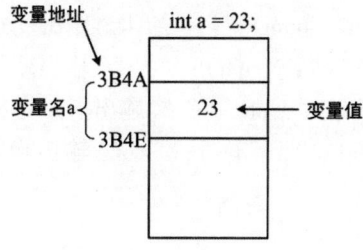

图6.1　变量的三层含义

2.指针变量的定义

变量的指针就是用来存储变量值的若干字节内存的起始地址值。指针变量定义的语法格式:

已定义类型名 ＊ 该类型的指针变量名;

例如:int ＊ p; //定义了一个 int ＊ 型的变量 p。

备注：在 C 语言中，声明指针变量时需要指定指针所指向的数据类型。如上述的例子定义了一个整型指针型变量 p，则 p 只能指向整型(int)变量。

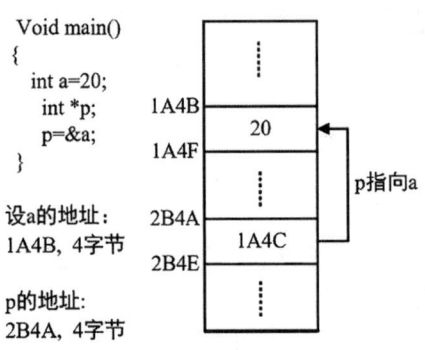

图 6.2　指针变量和它指向的变量

需要注意的是，指针变量是变量，也有三层含义。指针变量的值是另一个变量的地址，指针变量本身也是有地址的，该地址也是常量。

指针的概念和重要性在 C 语言中是非常突出的。通过指针，可以直接访问内存中的数据，而不需要通过变量名来引用。即指针提供了对内存的底层访问和操作能力，增强了 C 语言的灵活性和功能性。然而，使用指针时需要小心，因为不正确的指针操作可能导致内存泄漏、悬挂指针和野指针等问题。因此，在使用指针时，需要确保指针的有效性，避免野指针的出现，并正确释放动态分配的内存，以确保程序的安全性和稳定性。

例 6.1：以下是一个简单的示例，展示了指针变量的声明和使用(见图 6.3)。

```
#include <stdio.h>

int main( ) {
    int num = 42;        //声明一个整数变量并赋值为 42
    int * ptr = &num;    //声明一个指向整数的指针变量并赋值为 num 的地址

    printf("num 的值:%d\n", num);          // 输出变量 num 的值
    printf("num 的地址:%p\n", &num);        // 输出变量 num 的地址
    printf("ptr 存储的地址:%p\n", ptr);     // 输出指针变量 ptr 的值(即变量 num 的地址)
    printf("ptr 指向的值:%d\n", * ptr);     // 输出指针变量 ptr 所指向的值(即变量
num 的值)

    return 0;
}
```

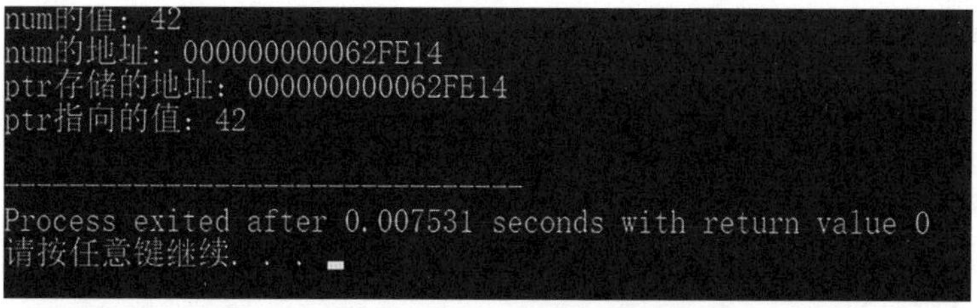

图 6.3 例 6.1 的运行结果

在该例子中,声明了一个整数变量 num 并赋值为 42。然后,声明了一个指向整数的指针变量 ptr,并将 &num(num 的地址)赋给了 ptr。通过指针变量 ptr,就可以访问和修改变量 num 的值。

3.与指针相关的运算符

在 C 语言中,有两个常用的指针运算符,分别是取地址运算符(&)和指针解引用操作符(*)。

(1)取地址运算符

语法格式:& 变量名

运算法则:取变量的地址。使用时将 & 放在变量前面,返回该变量在内存中的地址。

如 int * p; p=&a;此时 p 的值是变量 a 的地址。

(2)指针解引用操作符

语法格式:* 指针变量

运算法则:表示指针变量所指向的变量的值。使用时放在指针变量前面,返回指针所指向的值。例如,* ptr 表示指针变量 ptr 所指向的值。

int a = 10;

int * p = &a;

printf("%d", * p); //输出 a 的值

(3)& 和 * 运算符的关系

从(1)和(2)中可以看出,& 和 * 有互逆性。

已知 int a = 10;

int * p = &a;

则 & * p 的含义是什么呢?

解答:* p 得到的是 p 指向的变量的值 10,当然就是 a;& * p 等价于 &a,而 &a 就是 p。

* &a 的含义是什么呢?

解答:&a 得到的是 a 的地址,当然就是 p。* &a 等价于 * p,而 * p 就是 a。

综上,& 和 * 是互逆运算。当一个变量(不论是普通变量还是指针变量),被 & * 或 * & 同时作用时,等价于没作用。

除了取地址运算符和指针解引用操作符,还可以对指针进行加法和减法操作,表示在指针上进行移动,以便访问连续的内存位置,或者计算两个指针之间的偏移量。

4.程序举例

例 6.2:使用指针变量,输出 3 个整数的最大值(见图 6.4)。

```c
#include <stdio.h>

int main( ) {
    int num1 = 10;
    int num2 = 20;
    int num3 = 15;
    int max;

    int * ptr1 = &num1;
    int * ptr2 = &num2;
    int * ptr3 = &num3;

    if ( * ptr1 >= * ptr2 && * ptr1 >= * ptr3) {
        max = * ptr1;
    } else if ( * ptr2 >= * ptr1 && * ptr2 >= * ptr3) {
        max = * ptr2;
    } else {
        max = * ptr3;
    }

    printf("最大值为:%d\n", max);

    return 0;
}
```

```
最大值为: 20
_____
Process exited after 0.1468 seconds with return value 0
请按任意键继续. . .
```

图 6.4 例 6.2 使用指针变量,输出 3 个整数最大值的运行结果

在上述例子中,声明了 3 个整数变量 num1、num2 和 num3,并分别赋值为 10、20 和 15。然后,创建了 3 个指向这些变量的指针 ptr1、ptr2 和 ptr3,分别指向 num1、num2 和 num3。之后使用指针操作符,将最大值存储在变量 max 中。

例 6.3:输入两个整数 a 和 b,利用指针实现从大到小输出 a 和 b(见图 6.5)。

```c
main( )   / * 不使用指针的实现方式 * /
{ int a,b,t;
  scanf("%d,%d",&a,&b);
  if(a<b)
  { t=a; a=b; b=t;  }
  printf("max=%d,min=%d\n",a,b);
```

```
}
main( )    / * 使用指针的实现方式 * /
{   int * p1 , * p2 , * p,a,b;
    p1 =&a;    p2 =&b;
    scanf( "%d,%d" ,p1,p2) ;
    if( a<b)
    {   p=p1; p1=p2; p2=p;   }
    printf( "a = %d,b = %d\n" ,a,b) ;
    printf( "max = %d,min = %d\n" , * p1 , * p2) ;
}
```

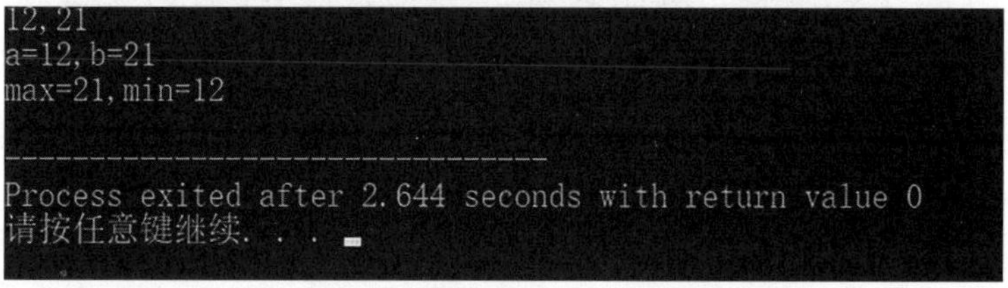

```
12,21
a=12,b=21
max=21,min=12


--------------------------------
Process exited after 2.644 seconds with return value 0
请按任意键继续. . . _
```

图 6.5　例 6.3 输入两个整数为 12 和 21 时的运行结果

例 6.4:用指向结构体变量的指针变量操作结构体变量(见图 6.6)。

->运算符:用于通过结构体指针变量引用它所指向的结构体变量中的元素。

```
#include<stdio.h>
struct Student{
int id;
char name[ 10] ;
float score[ 2] ;
} ;
int main( )
{
Student LiHong;
Student * P_Studeng =&LiHong; //定义 Studen 型指针变量,并指向 Student 型变量
printf( "\n 请输入学生编号:\n" ) ;
scanf( "%d", &( * P_Studeng).id ) ; //通过指针变量间接操作它指向的变量
printf( "\n 请输入学生姓名:\n" ) ;
scanf( "%s" ,P_Studeng->name) ; //通过结构体型指针变量间接
//操作它指向的同类型结构体变量的常用句法
printf( "\n 请输入 2 门成绩:\n" ) ;
scanf( "%f", &(P_Studeng->score[ 0] )) ;//通过指针变量操作结构体变量内的数组元素
scanf( "%f" ,&(P_Studeng->score[ 1] )) ;
printf( "\n-----------输出信息------------------------\n" ) ;
printf( "\n%d", ( * P_Studeng).id) ;
printf( "\n%s", P_Studeng->name) ;
```

```
printf("\n%f    %f\n",P_Studeng->score[0], P_Studeng->score[1]);
return 0;
}
```

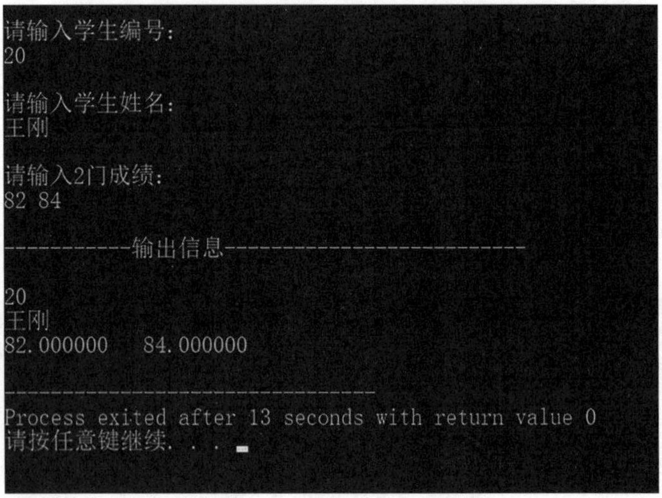

```
请输入学生编号:
20

请输入学生姓名:
王刚

请输入2门成绩:
82 84
-----------输出信息-----------------------------

20
王刚
82.000000    84.000000

------------------------------------------
Process exited after 13 seconds with return value 0
请按任意键继续. . . _
```

图 6.6　例 6.4 的运行结果

->运算符说明:用于通过结构体指针变量引用它所指向的结构体变量中的元素。在上例中 P_Studeng->id 等价于(* P_Studeng).id。

例 6.5:指向结构体类型变量(见图 6.7)。

程序功能:实现一个简单的船员管理系统,用户可以选择添加船员信息或显示所有船员的信息。

```
#include <stdio.h>
#include <string.h>

//定义船员结构体
typedef struct {
    char name[50];
    int age;
    char nationality[50];
} CrewMember;

#define MAX_CREW_MEMBERS 100

int main() {
    CrewMember crew[MAX_CREW_MEMBERS];
    int numCrew = 0;
    int choice;

    do {
```

```c
printf("船员管理程序\n");
printf("1.添加船员\n");
printf("2.显示所有船员\n");
printf("3.退出\n");
printf("请选择操作:");
scanf("%d", &choice);

switch (choice) {
    case 1: {
        if (numCrew >= MAX_CREW_MEMBERS) {
            printf("船员已达到最大数量。\n");
            break;
        }

        CrewMember newCrew;

        printf("请输入船员姓名:");
        scanf("%s", newCrew.name);

        printf("请输入船员年龄:");
        scanf("%d", &(newCrew.age));

        printf("请输入船员国籍:");
        scanf("%s", newCrew.nationality);

        crew[numCrew] = newCrew;
        numCrew++;

        break;
    }
    case 2: {
        printf("船员列表:\n");
        for (int i = 0; i < numCrew; i++) {
            printf("船员姓名:%s\n", crew[i].name);
            printf("船员年龄:%d\n", crew[i].age);
            printf("船员国籍:%s\n", crew[i].nationality);
            printf("\n");
        }
        break;
```

```
            }
        case 3：
            printf("程序已退出。\n")；
            break；
        default：
            printf("无效的选择。请重试。\n")；
            break；
        }

        printf("\n")；
    } while (choice != 3)；

    return 0；
}
```

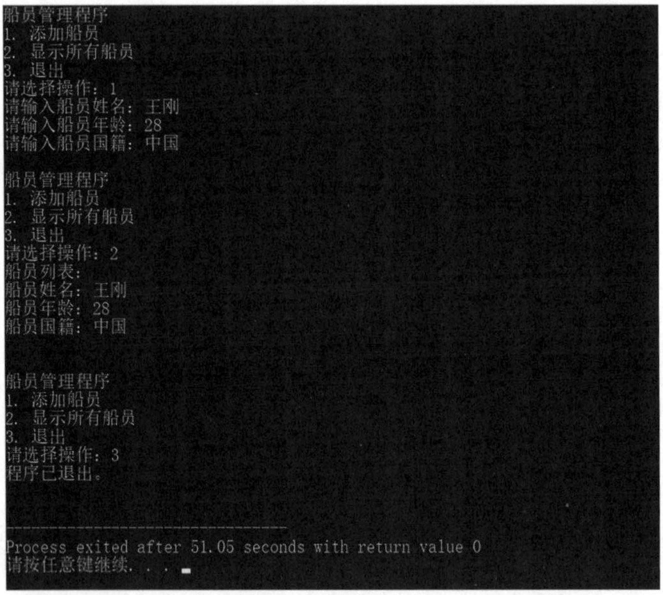

图 6.7 例 6.5 船员管理程序功能 1、2、3 的运行结果

6.2 一维数组的指针

6.2.1 一维数组指针的定义

一维数组指针表示一维数组第 0 号元素的地址，即数组的首地址。通过使用指向数组的指针，可以遍历整个数组并访问每个元素，而不需要使用数组下标，可以提高代码的可读性和运行效率。

1.一维数组指针的定义

在 C 语言中,可以将数组名赋给指针变量来创建一维数组指针,其后就可以通过指针运算符操作访问数组元素。

一维指针数组定义的语法格式:类型名 * 变量名;

说明:指向数组的指针变量的定义方式和指向变量的指针变量一样。

例如:

int a[6]={3,8,6,9,7,2};

int * p;   /* 定义 p 为指向整型变量的指针变量 */

p=&a[0];   /* 将数组 a 的第一个元素 a[0]的地址赋给指针变量 p,或者说使 p 指向数组 a 的第一个元素 */

引申:设有如下语句

int a[6]={3,8,6,9,7,2};

int * p=a;   /* 此时 p 和 a 都表示数组 a 的首地址 */

则可以使用两种方式引用数组 a 的第 i 个元素:

(1) a[i]或者 p[i];

(2) *(p+i)或者 *(a+i);

总结:已知 ANY * AnyP;

　　AnyP=&one_dem[i];

则有如下恒等式子:

　　AnyP+j<==>&one_dem[i]+j

　　&one_dem[i]+j <==>&one_dem[i+j]

　　AnyP+j<==>&one_dem[i+j]

下面通过输出一个数组的全部元素的多种实现方式来看一下一维指针的基本使用。

(1)main() /* 使用下标法 */
```
{ int a[10], i;
  for(i=0;i<10;i++)
    scanf("%d",&a[i]);
  printf("\n");
  for(i=0;i<10;i++)
    printf("%d ",a[i]);
}
```
(2)main() /* 使用数组名作为数组首地址来引用数组元素 */
```
{ int a[10], i;
  for(i=0;i<10;i++)
    scanf("%d",a+i);
  printf("\n");
  for(i=0;i<10;i++)
    printf("%d ", *(a+i));
}
```

(3)main( ) /*使用指针变量引用数组元素*/
```
{ int a[10],i,*p=a;
  for(i=0;i<10;i++)
    scanf("%d",p+i);
  printf("\n");
  for(i=0;i<10;i++)
    printf("%d ",*(p+i));
}
```
(4)main( ) /*使用指针变量引用数组元素*/
```
{ int a[10],i,*p;
  for(i=0;i<10;i++)
    scanf("%d",a+i);
  printf("\n");
  for(p=a;p<(a+10);p++)
    printf("%d ",*p);
}
```

2.程序举例

例 6.6:输入 5 个整数,然后逆序输出这些数据(见图 6.8)。
```
#include <stdio.h>
int main( )
{
int x[5];
int * p;
printf("\n 请输入 5 个整数,空格分隔,回车结束\n");
for ( p=x; p<x+5; p++)//用数组名给指针变量赋值,使指针变量指向 0 号元素
scanf("%d", p);
printf("\n 用数组名来逆序输出:\n");
for (--p; p>=x; p--) {
printf("%d \t", * p);
}
}
```

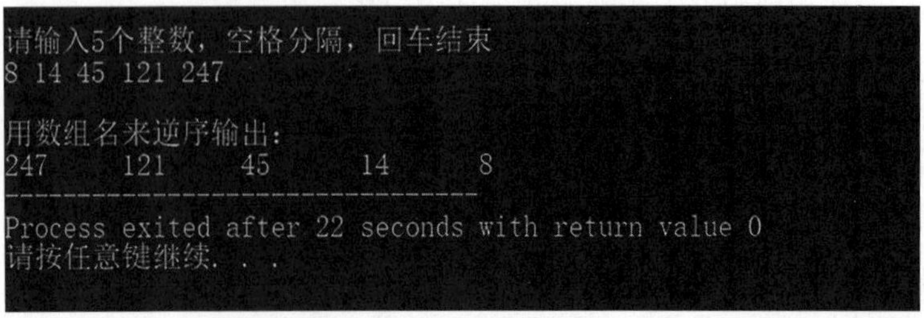

```
请输入5个整数，空格分隔，回车结束
8 14 45 121 247

用数组名来逆序输出:
247      121      45       14       8
----------------------------------------
Process exited after 22 seconds with return value 0
请按任意键继续. . .
```

图 6.8 例 6.6 的运行结果

例6.7:编写程序实现数组的逆序存放(见图6.9)。

```
#define LEN 10
#include<stdio.h>
main( )
{    int a[LEN],i,j,m,t,*p;
p=a;
     for(i=0;i<LEN;i++)      scanf("%d",p++);
     printf("The original array:\n");
     for(i=0,p=a;i<LEN;i++)      printf("%d   ",*(p+i));
     m=LEN/2;
   for(p=a,i=0; i<m; i++)
   {  j=LEN-1-i;
      t=*(p+i); *(p+i)=*(p+j); *(p+j)=t;    }

     printf("\nThe inverted array:\n");
     for(p=a;p<a+LEN;)      printf("%d   ",*(p++));
}
```

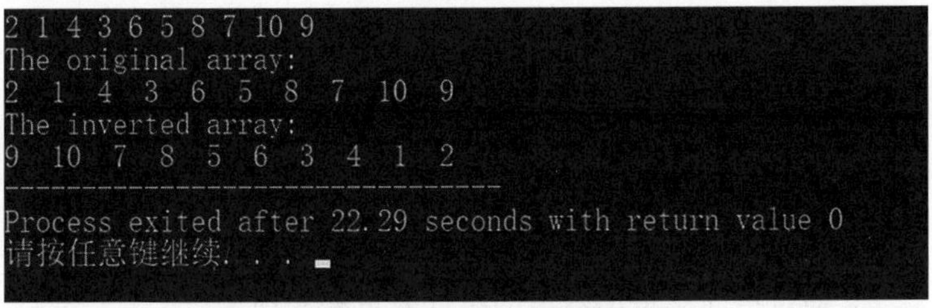

图 6.9 例 6.7 的运行结果

6.2.2 字符串指针

1.字符串指针和指向字符串的指针变量

C 语言中的字符串是以字符数组的形式表示的,当涉及字符串处理时,除了可以利用数组元素访问的形式之外,还可以利用指向字符串的指针变量。字符串指针表示字符串的起始地址,可以通过字符串指针对字符串进行访问和操作,这种形式提供了方便的方式来处理和操作字符串数据。

(1)字符数组形式

说明:用字符数组存储一个字符串。

语法格式:char 数组名[数组长度]

```
main( )
{ char str[ ]="I love China!";
  printf("%s\n",str);
```

```
}
```

（2）字符指针形式

指向字符串的指针是一个指针变量，也就是说字符指针可以指向一个字符数组，该数组存储了字符串的内容。

说明：用字符指针指向一个字符串。

指向字符串的指针变量定义的语法格式为：char ＊变量名；

```
main( )
{ char ＊str="I love China!";
  printf("%s\n",str);
}
```

2.程序举例

例6.8：将字符串 a 复制到字符串 b(见图6.10)。

```
(1)main( )    /＊直接通过字符串数组和数组名来实现＊/
{   char a[ ]="No pains no gains!", b[20];
    int i;
    for(i=0; ＊(a+i)!  ='\0';i++)    ＊(b+i)= ＊(a+i);
    ＊(b+i)='\0';
    printf("String a:%s\n",a);
    printf("String b:");
    for(i=0;b[i]!  ='\0';i++)        printf("%c",b[i]);
    printf("\n");    }
```

```
(2)main( )    /＊通过指向字符串数组的指针变量来实现＊/
{   char a[ ]="No pains no gains!", b[20], ＊p1=a, ＊p2=b;
    for( ; ＊p1!  ='\0';p1++,p2++)        ＊p2= ＊p1;
    ＊p2='\0';
    printf("String a:%s\n",a);
    printf("String b:%s\n",b);
}
```

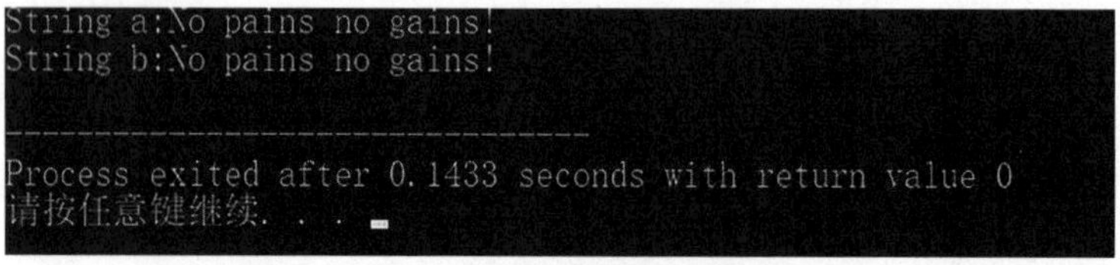

```
String a:No pains no gains!
String b:No pains no gains!

--------------------------------
Process exited after 0.1433 seconds with return value 0
请按任意键继续. . . 
```

图6.10 例6.8的运行结果

例6.9：通过指针操作来访问和打印每个船员的姓名、年龄和职位(见图6.11)。

```
#include <stdio.h>


int main( ) {
```

```
char * names[ ] = {
    "John Doe",
    "Jane Smith",
    "Mike Johnson"
};

int ages[ ] = {30, 25, 35};

char * positions[ ] = {
    "Captain",
    "Engineer",
    "Navigator"
};

int size = sizeof(names) / sizeof(names[0]);

for (int i = 0; i < size; i++) {
    printf("姓名:%s\n", *(names + i));
    printf("年龄:%d\n", ages[i]);
    printf("职位:%s\n", *(positions + i));
    printf("\n");
}

return 0;
}
```

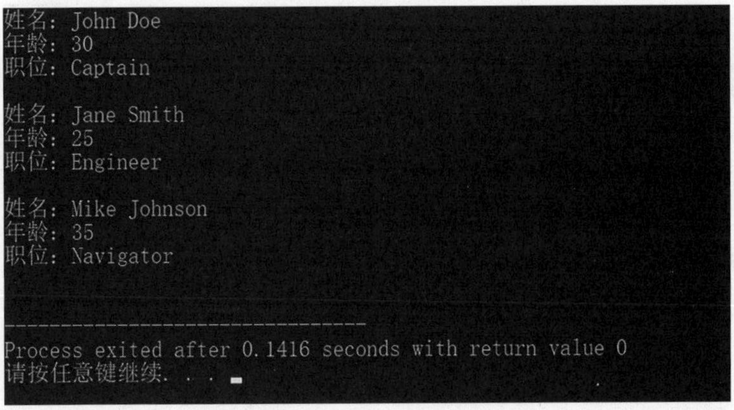

图 6.11　例 6.9 的运行结果

6.2.3　一维结构体数组指针

通过指向一维结构体数组的指针变量,可以高效地访问和操作结构体数组的数据,而无须使用数组下标来访问元素,对于处理包含多个结构体的数组非常方便和灵活。

例 6.10:使用指针引用并输出一维结构体数组元素(见图 6.12)。

```c
#include<stdio.h>
struct Student{
int id;
char name[10];
float score[2];
};
int main()
{
int i;
struct Student Class1[4];//假设 1 班有 4 个学生
struct Student * p; //定义 Student 型指针变量 p
p=Class1;　//让 p 指向数组的第 0 号元素
//————————输入一班学生信息——————————
for (i=0; i<4; i++){
printf("\n 请输入第%d 名学生的编号:\n",i+1);
scanf("%d", &(p->id));
printf("\n 请输入第%d 名学生的姓名:\n",i+1);
scanf("%s", p->name);
printf("\n 请输入第%d 名学生的两门成绩:\n",i+1);
scanf("%f", &(p->score[0]));
scanf("%f", &(p->score[1]));
p++;　//使 p 指向数组的下一号元素
}
p=Class1;//将指针重新指向数组的起始地址
for (i=0; i<4; i++){
printf("\n %d    %s    %f    %f ",p->id, p->name, p->score[0], p->score[1]);
p++;　//使 p 指向数组的下一号元素
}
}
```

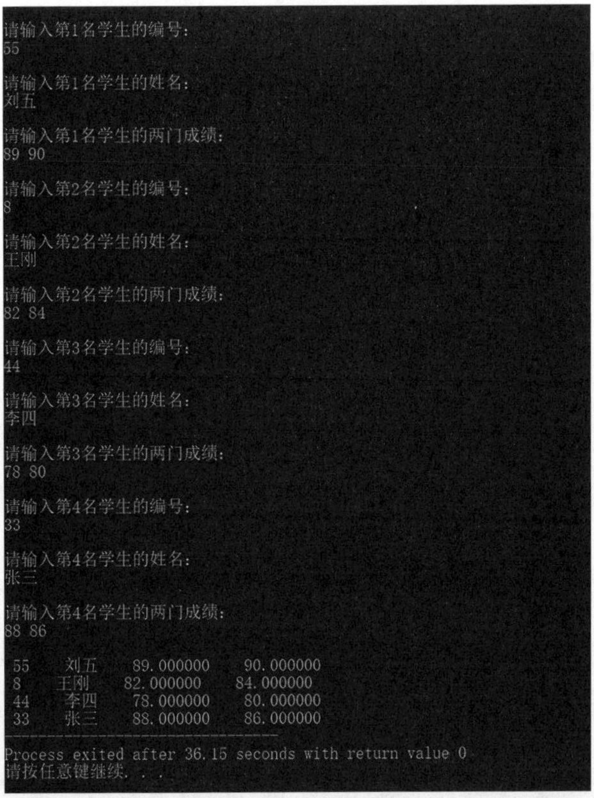

图 6.12　例 6.10 输出四位学生的编号、姓名和两门成绩的运行结果

例 6.11:遍历并输出船员信息(见图 6.13)。

```c
#include <stdio.h>

struct CrewMember {
    char name[50];
    int age;
    char position[50];
};

int main() {
    struct CrewMember crew[] = {
        {"John Doe", 30, "Captain"},
        {"Jane Smith", 25, "Engineer"},
        {"Mike Johnson", 35, "Navigator"}
    };

    int size = sizeof(crew) / sizeof(crew[0]);

    struct CrewMember * ptr = crew;   //将数组名赋给指针变量
```

```
for (int i = 0; i < size; i++) {
    printf("姓名:%s\n", (ptr + i)->name);
    printf("年龄:%d\n", (ptr + i)->age);
    printf("职位:%s\n", (ptr + i)->position);
    printf("\n");
}

return 0;
}
```

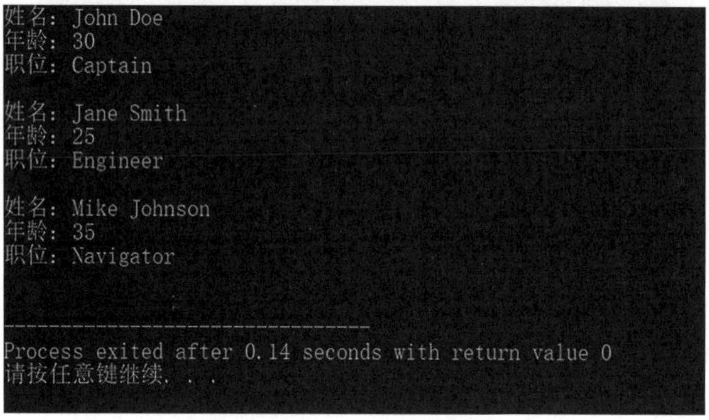

```
姓名: John Doe
年龄: 30
职位: Captain

姓名: Jane Smith
年龄: 25
职位: Engineer

姓名: Mike Johnson
年龄: 35
职位: Navigator

--------------------------------
Process exited after 0.14 seconds with return value 0
请按任意键继续. . .
```

图 6.13 例 6.11 的运行结果

在上述例子中,声明并初始化了一个包含多个船员信息的一维数组 crew,接着利用一维数组指针,将数组名 crew 赋给指针变量 ptr。通过循环和指针操作,遍历数组中的船员信息并输出。

6.3 二维数组的指针

1.二维数组的重新理解

二维数组的指针比一维数组的指针更为复杂。要理解二维数组的指针,首先需要了解二维数组的内存布局。二维数组在内存中是按行存储的,每一行的元素是连续存放的。二维数组可以看作是一个一维数组的嵌套,即一个一维数组,其中每个元素又都是一个一维数组。假设一个任意类型二维数组 ANY a[m][n],以下从数组名的角度重新认识二维数组。

(1) 定义一维数组 ANY a[m];此时,a 是 ANY 型的一维数组,前面关于一维数组指针的规律都适用。

(2)一维数组 a 的每一个元素 a[i]都嵌套一个长度是 n 的 ANY 型一维数组 ANY (a[i])[n],此时 a[i]是一维数组名,a[i][0],a[i][1],…,a[i][n-1]是一维数组 a[i]的元素,前面关于一维数组指针的规律都适用。

(3)分析一维数组 a[i]。a[i]是数组名,其值是数组的地址,即该数组 0 号元素的地址,a[i]<==>&a[i][0],a[i]+j<==>&a[i][j]。

(4)分析一维数组 a。a 是数组名,其值是数组的地址,即该数组 0 号元素的地址,a<==>&a[0],a+i<==>&a[i]。

综上,可以得出以下语法符号的含义。

a[i]<==>&a[i][0]　//第 i 行的 0 号元素的地址

a[i]+1<==>&a[i][1]　//第 i 行第 1 号元素的地址

a[i]+j<==>&a[i][j]　//第 i 行第 j 号元素的地址

a[i]+j 在二维数组中以列为单位移动。

a+i 在二维数组中以行为单位移动,从第 0 行的首地址移动到第 i 行的首地址,得到 &a[i];*(a+i)是第 i 行首地址的值,也就是第 i 行第 0 号元素的地址,即 a[i],或 &a[i][0];*(a+i)+j 是从第 i 行 0 号元素向后移动 j 个单位,等价于 a[i]+j,到达第 i 行第 j 列(第 j 号元素),得到 &a[i][j];*(*(a+i)+j)是第 i 行第 j 列号元素的值,即 a[i][j]。

例 6.12:运行下面的程序(见图 6.14),体会上面的分析。

```c
#include <stdio.h>
int main( )
{
int a[3][4];
printf(" \n%x", a);
printf(" \n%x", a[0]);
printf(" \n%x", &a[0]);
printf(" \n%x", &a[0][0]);
printf(" \n");
}
```

图 6.14　例 6.12 的运行结果

需要注意的是,从内存物理位置上,第 0 行的地址,第 0 行第 0 号的地址,以及该二维数组的地址是同一个位置,因此程序输出的 4 个十六进制表示地址的数是相同的。但它们的物理意义不同。a 和 &a[0]物理意义相同,表示第 0 行的地址,也就是二维数组的地址;a[0]和 &a[0][0]物理意义相同,是第 0 行第 0 号元素的地址,也就是第 0 行这个一维数组的地址。奇怪而又必须理解的是 a[0]和 &a[0]的值是相同的,但表示不同物理意义。

2.指向二维数组的指针变量的定义

在处理二维数组时,可以使用指向二维数组的指针来方便地访问和操作数组的元素。通过指向二维数组的指针,能够方便地访问和操作二维数组的元素,而无须使用数组下标来访问元素。

定义指向二维数组指针的语法格式:<数组类型>(＊指针变量名)[数组的列数];

如 int (＊p)[4];定义了一个指针变量 p,该变量可以指向整型的,行数不限,但列数必须是 4 的二维数组的任何一行。

例 6.13:下面是一个示例程序,演示了如何声明和使用指向二维数组的指针(见图 6.15):

```c
#include <stdio.h>

int main() {
    int matrix[3][3] = {
        {1, 2, 3},
        {4, 5, 6},
        {7, 8, 9}
    };

    int (*ptr)[3] = matrix;  //指向二维数组的指针

    for (int i = 0; i < 3; i++) {
        for (int j = 0; j < 3; j++) {
            printf("%d ", *(*(ptr + i) + j));
        }
        printf("\n");
    }

    return 0;
}
```

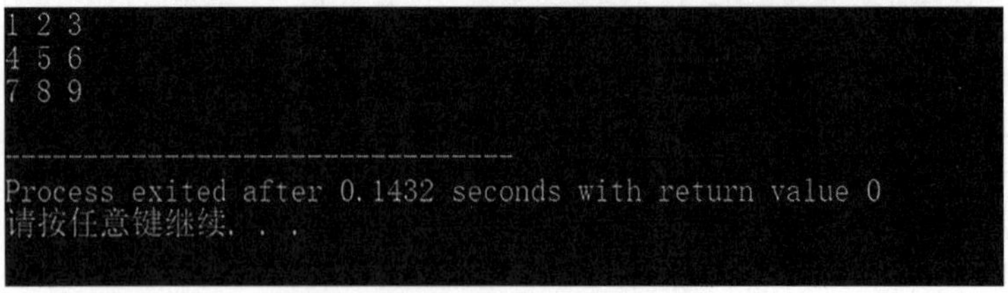

```
1 2 3
4 5 6
7 8 9

------------------------------
Process exited after 0.1432 seconds with return value 0
请按任意键继续. . .
```

图 6.15 例 6.13 的运行结果

在上述例子中,定义了一个二维数组 matrix,用于表示一个 3×3 的矩阵。声明了一个指向二维数组的指针变量 ptr,并将 matrix 数组的首行地址赋给它。在嵌套的循环中,使用指针操作 *(*(ptr + i) + j) 来访问二维数组中的每个元素,并使用 %d 格式说明符打印元素的值。当处理多个字符串时,可以使用指向二维字符数组的指针来方便地访问和操作字符串数组的元素。

3.程序举例

例6.14：下面是一个示例程序，演示了如何声明和使用指向二维字符数组的指针（见图6.16）。

```c
#include <stdio.h>

int main() {
    char strings[][10] = {
        "Hello",
        "World",
        "OpenAI"
    };

    char (*ptr)[10] = strings;   //指向二维字符数组的指针

    for (int i = 0; i < 3; i++) {
        printf("%s\n", *(ptr + i));
    }

    return 0;
}
```

图6.16　例6.14的运行结果

在上述例子中，定义了一个二维字符数组 strings，分别用于存储3个字符串。然后，声明了一个指向二维字符数组的指针变量 ptr，并将 strings 数组的首行地址赋给 ptr。在循环中，使用指针操作 *(ptr + i) 来访问二维字符数组中的每个字符串。

例6.15：将5个字符串进行排序（见图6.17）。

```c
#include <stdio.h>
#include <string.h>

int main() {
    char strings[5][50];
    char (*ptr)[50] = strings;   //指向二维字符数组的指针

    char minString[50];
```

```
    char maxString[50];

    printf("输入 5 个字符串:\n");
    for (int i = 0; i < 5; i++) {
        fgets(*(ptr + i), sizeof(strings[i]), stdin);
        *(*(ptr + i) + strcspn(*(ptr + i), "\n")) = '\0';   //去除换行符
    }

    //假设第一个字符串为最小和最大字符串
    strcpy(minString, *ptr);
    strcpy(maxString, *ptr);

    for (int i = 1; i < 5; i++) {
        if (strcmp(*(ptr + i), minString) < 0) {
            strcpy(minString, *(ptr + i));
        }
        if (strcmp(*(ptr + i), maxString) > 0) {
            strcpy(maxString, *(ptr + i));
        }
    }

    printf("最小字符串:%s\n", minString);
    printf("最大字符串:%s\n", maxString);

    return 0;
}
```

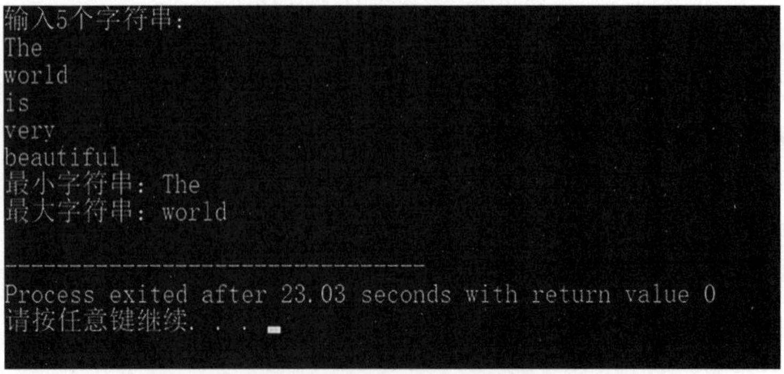

```
输入5个字符串:
The
world
is
very
beautiful
最小字符串: The
最大字符串: world
------------------------------------
Process exited after 23.03 seconds with return value 0
请按任意键继续. . . _
```

图 6.17　例 6.15 的运行结果

在上述示例中,声明了一个二维字符数组 strings 用于存储 5 个字符串。然后,声明了一个指向二维字符数组的指针变量 ptr,并将 strings 数组的首行地址赋给它。在循环中,使用指针操作 *(ptr + i) 来访问二维字符数组中的每个字符串,并使用 strcspn() 函数去除输入字符串中

的换行符。假设第一个字符串为最小和最大字符串,并使用 strcpy( ) 函数将其复制到 minString 和 maxString。在循环中,使用指针操作 *(ptr + i) 来比较每个字符串与当前的最小和最大字符串,并根据比较结果更新 minString 和 maxString。

6.4　二级指针

6.4.1　二级指针的定义

1.二级指针的概念

二级指针是指向指针的指针,也称为指针的指针。在 C 编程语言中,可以使用二级指针来操作指针的指针,以便访问或修改指针指向的值或指针本身。

一级指针是指向变量的指针,而二级指针则指向一级指针的地址。通过使用二级指针,可以通过两次间接引用来访问或修改变量的值。指针变量是变量,同样具有三层含义。指针变量的名和地址是不变的,指针变量的值是变化的,即变化着指向不同的普通变量。二级指针变量即指向指针变量的指针变量,用来存储指针变量的地址,即二级指针变量用来指向同类型指针变量。

指针变量本身的地址是二级地址,就是“地址的地址”,也就是“指针的指针”。

2.程序举例

例6.16:请运行下面示例程序理解二级地址和二级指针变量(见图6.18)。
```
#include<stdio.h>
  int main( )
  {
  int a=5; //定义普通 int 型变量
  int * p; //定义可以指向普通 int 型变量的简单指针变量 p
  int * * pp; //定义可以指向 int 型简单指针变量的二级指针变量 pp
  p=&a;   //简单指针变量指向普通变量
  pp=&p; //二级指针变量指向简单指针变量
  printf( "\na= %d\t%d\n" , * p, * * pp); //用简单指针变量和二级指针变量输出 a
  }
```

图6.18　例6.16的运行结果

例6.17:使用二级指针实现例6.15(见图6.19)。
```
#include <stdio.h>
```

```c
#include <stdlib.h>
#include <string.h>

int main( ) {
    char * strings[5];
    char * minString;
    char * maxString;

    printf("输入 5 个字符串:\n");
    for (int i = 0; i < 5; i++) {
        char input[50];
        fgets(input, sizeof(input), stdin);
        input[strcspn(input, "\n")] = '\0';   //去除换行符
        strings[i] = strdup(input);
    }

    //假设第一个字符串为最小和最大字符串
    minString = strings[0];
    maxString = strings[0];

    for (int i = 1; i < 5; i++) {
        if (strcmp(strings[i], minString) < 0) {
            minString = strings[i];
        }
        if (strcmp(strings[i], maxString) > 0) {
            maxString = strings[i];
        }
    }

    printf("最小字符串:%s\n", minString);
    printf("最大字符串:%s\n", maxString);

    //释放动态分配的内存
    for (int i = 0; i < 5; i++) {
        free(strings[i]);
    }

    return 0;
}
```

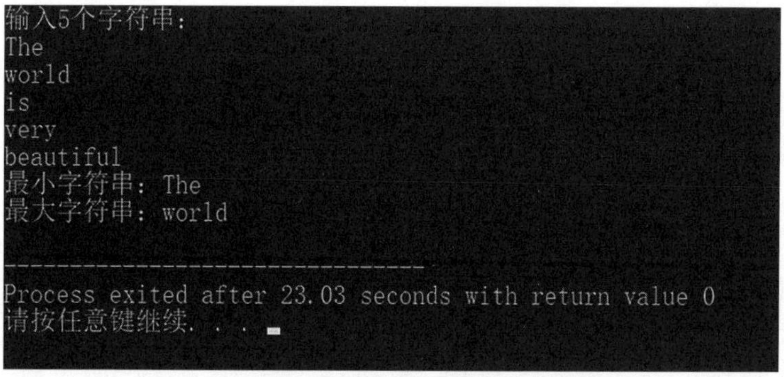

图6.19 例6.17 使用二级指针的运行结果

6.4.2 指针数组

1.指针数组的定义

指针数组意为指针的数组,即一个数组中的每一个元素都是一个指针变量。指针数组的定义形式,是定义数组和定义指针变量的融合。

语法格式:

类型名称 *数组名称[数组长度]

一维指针数组是一维数组,数组名是该数组的指针,是该数组第0号元素的指针(地址),而该数组第0号元素本身已经是指针变量,它的值是另一个变量的指针。所以一维指针数组名是二级指针,是地址的地址。

2.程序举例

例6.18:用指针数组间接操作二维数组(见图6.20)。

```
#include<stdio.h>
#include<string.h>
int main()
{
int i;
char name[3][10]; //定义字符型二维数组
char * p_name[3]; //定义长度3的字符型一维指针数组
/* p_name[0]=name[0]; p_name[1]=name[1];   p_name[2]=name[2];  */
for (i=0; i<3; i++) {
*(p_name+i)= *(name+i);   //该循环等价于上面注释的三行
}
printf("\n请输入三个姓名字符串,每个回车结束:\n");
for (i=0; i<3; i++) {
//scanf("%s", p_name[i]); //和下面的输入语句等价
scanf("%s", *(p_name+i));
getchar();
```

```
}
for (i=0; i<3; i++) {
//printf("\n%s",p_name[i]); //和下面的输出语句等价
printf("\n%s", *(p_name+i));
}
}
```

例6.19:用指针数组和二级指针变量间接操作二维数组(见图6.20)。

```
#include<stdio.h>
#include<string.h>
void main()
{int i;
char name[3][10]; //定义字符型二维数组
char * p_name[3]; //定义长度3的字符型指针数组
char * * p_p_name; //定义字符型二级指针变量
p_name[0]=name[0]; //指针数组的0号指针变量指向二维数组0行的0号元素
p_name[1]=name[1];
p_name[2]=name[2]; //指针数组的2号指针变量指向二维数组2行的0号元素
printf("\n 请输入三个姓名字符串,每个回车结束:\n");
for (p_p_name=p_name; p_p_name<p_name+3 ; p_p_name++) {
                scanf("%s", *p_p_name);
getchar();
}
for (p_p_name=p_name; p_p_name<p_name+3 ; p_p_name++)
printf("\n%s",( * p_p_name));
putchar('\n');
}
```

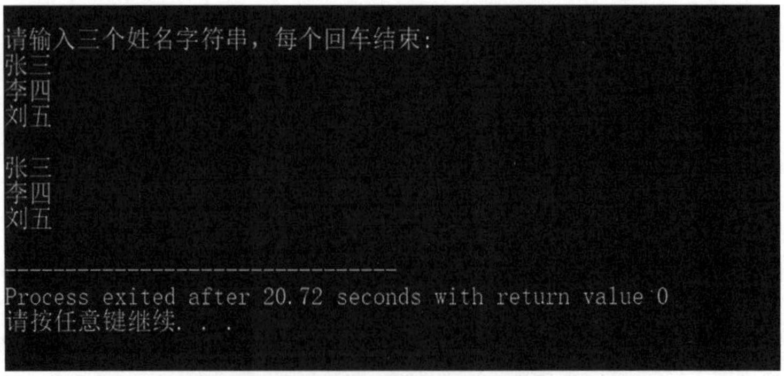

```
请输入三个姓名字符串,每个回车结束:
张三
李四
刘五

张三
李四
刘五

_____
Process exited after 20.72 seconds with return value 0
请按任意键继续. . .
```

图6.20 例6.18和例6.19的运行结果

例6.20:用含有整型指针和结构体指针成员指针结构体变量操作整型数组和结构体数组(见图6.21)。

```
#include <stdio.h>
```

```
struct Student{
int id;
char name[10];
float score[2];
};            //定义结构体类型 Student
struct handle{
Student  * pStu;
int  * p_int;
};            //定义指针结构体类型 handle,含有 int 型和 Student 型指针成员
int main()
{
int a[5]={0,1,2,3,4};
Student students[3]={110,"张红",56,48,111,"孙伟",77,78,\
                112,"李亮",98,100};
handle p;   //定义 handle 型指针结构体变量
int i;
p.p_int=a;   //指针结构体变量内的整型指针成员指向整型数组 0 号元素
p.pStu=students;//指针结构体变量内的 Student 型结构体指针成员指向
//结构体数组 0 号元素
for (i=0;i<5;i++)
printf("%d\t", * p.p_int++); //输出整型数组
putchar('\n');
for (i=0; i<3; i++){
printf("%d\t%s\t%f\t%f\n",
(p.pStu+i)->id,(p.pStu+i)->name,
(p.pStu+i)->score[0],(p.pStu+i)->score[1]); //输出结构体数组
}
}
```

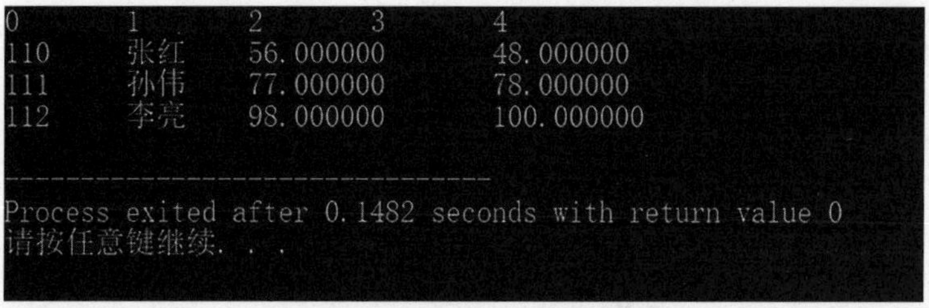

```
0       1       2       3       4
110     张红    56.000000       48.000000
111     孙伟    77.000000       78.000000
112     李亮    98.000000       100.000000

------------------------------------
Process exited after 0.1482 seconds with return value 0
请按任意键继续. . .
```

图 6.21　例 6.20 的运行结果

练习题

一、选择题

1.以下错误的字符串赋值或赋初值方式是(　　)。

A.char str1[ ]="string", str2[ ]="12345678";strcpy(str2,str1);

B.char str[7]={'s','t','r','i','n','g'};

C.char str[10];str="string";

D.char *str;str="string";

2.以下选项中,不能正确赋值的是(　　)。

A.char s1[10];s1="Ctest"

B.char s2[ ]={'C','t','e','s','t'};

C.char s3[20]="Ctest"

D.char *s4="Ctest\n"

3.若有说明:int i,j=2,*p=&i;,则能完成 i=j 赋值功能的语句是(　　)。

A. i=*p   B. *p=*&j   C. i=&j   D. i=**p

4.下面各语句行中,不能正确进行字符串操作的语句行是(　　)。

A. char st[10]={"abcde"}

B. char s[5]={'a','b','c','d','e'}

C.char *s; s="abcde"

D. char *s; scanf("%s",s)

5.设有如下的程序段,执行上面的程序段后,*(ptr+5)的值为(　　)。

char str[ ]="Hello";　char *ptr;　ptr=str;

A. 'o'   B. '\0'   C.不确定的值   D. 'o'的地址

6.若有以下说明和语句,请选出哪个是对 c 数组元素的正确引用(　　)。

int c[10],*cp; cp=c;

A.cp+1   B.*(cp+3)   C. **(cp+1)+3   D. *(*cp+2)

7.设有如下一段程序,执行下面的程序后,ab 的值为(　　)。

int *var,ab; ab=100;　var=&ab;　ab=*var+10;

A.120   B.110   C.100   D.90

8.若有以下定义:int a[10],*p=a;则 p+4 表示(　　)。

A.元素 a[4]的地址

B.元素 a[4]的值

C.元素 a[5]的地址

D.元素 a[5]的值

9.在下面的定义语句中,错误的是(　　　)。

　　A.int n=20, a[n]

　　B.char *a[3]

　　C.char s[20]="test"

　　D.int a[]={1,2}

二、写出程序运行结果

```
1. main( )
{charsss[ ][20]={"1234",
"56789"},
 *p=sss[0];
printf("%s",p+20);
}
```

```
2. main( )
{intarr[ ]={40,30,25,35,12,6,8},
 *p=arr; p++;
printf("%d\n",*(p+4));
}
```

```
3. main( )
{int x[ ]={10,20,30,40,50,60,70,
80,90,100};
int s,i, *p;
s=0; p=x;
for(i=1;i<10;i+=2)
    s+=*(p+i);
printf("sum=%d\n",s)
}
```

```
4.划线两个输出语句分别输出 13ff50 和 4
void main( )
{ int a[3][4];
printf("\n%x", a);
printf("\n%d",sizeof(a[0][0]));
printf("\n%x", a[0]+2);
printf("\n%x", &a[1]+1);
printf("\n%x", &a[0][0]+3);
}
```

第 **7** 章
函数

引言

　　函数是计算机编程中的一个重要概念,旨在将代码封装成可重复使用的模块。通过函数可以将复杂的问题分解成小的模块,可以通过调用这些模块完成整体任务。函数在编程中的优点在于,一方面函数可以提高代码的可读性和可维护性。通过将逻辑划分为不同的函数,可以更清晰地理解和组织代码。当需要对某个功能进行修改或修复时,只需要关注特定的函数,而不必担心其他部分的影响。另一方面,函数可以提高代码的重用性,可以在程序的不同部分多次调用函数,而不必重复编写相同的代码,从而减少代码量,提高开发效率。

　　C 语言是一门面向过程的计算机编程语言。面向过程是一种编程范式,其中心思想是将程序视为一系列按照特定顺序执行的过程或函数的集合。在面向过程编程中,程序的主要设计思想是将问题分解为一系列的步骤,每个步骤都由一个函数或过程来实现。C 程序是由函数构成的,简单的程序通常只有一个主函数即 main 函数,而较大的程序要由多个函数构成。

　　C 语言的函数包括标准库函数和自定义函数。标准库函数是指编程语言中提供的一组预定义函数,包含了用于完成各种任务的常用功能,如输入输出、字符串处理、数学运算、内存管理等。自定义函数需要用户即程序员进行定义。以下介绍 C 语言中自定义函数的相关知识。

7.1　函数的构成

7.1.1　函数的定义

函数定义的格式包括以下几个部分:

（1）返回类型

返回类型是指函数执行完毕后返回的值的数据类型,包括基本数据类型(如整数、浮点数等),自定义的数据类型(如结构体、类等),或者是特殊的返回类型,void 表示无返回值。

（2）函数名

函数名是函数的标识符,用于在程序中唯一标识该函数。

（3）参数列表

参数列表是指函数接受的输入参数。每个参数都有一个参数类型和一个参数名,多个参数用逗号分隔。

（4）函数体

函数体是指包含了实际执行功能的代码块,即函数的具体实现,包括一系列语句或其他函数调用。函数体的起始和结束需要使用大括号｛｝进行标记。

（5）返回语句

如果函数有返回类型,并且需要返回一个值,则 return 语句将值返回给调用者。返回语句可以出现在函数的任意位置,一旦执行到返回语句,函数将立即返回并结束执行。

根据以上说明,函数定义的基本语法格式为:

返回值类型标识符函数名(形式参数类型 1 形式参数 1,形式参数类型 2 形式参数 2,.....)

｛

函数体

｝

示例:

```
int max( int x, int y)
{
int z;
z=x>y? x:y;
return   z;
}
```

7.1.2　函数的声明和调用

1.函数声明

函数声明的目的是让编译器在编译时能够正确地解析函数的调用和使用,即在使用函数之前,需要提供函数的原型或接口,使编译系统在系统规定路径下找到函数的定义体,做好函数名、参数个数和类型、返回值类型等检查工作,以保证函数能够在后续过程中被正确使用。

C 语言中,函数声明的语法格式通常为:

返回类型 函数名(参数列表);

2.函数调用

函数调用是指在程序中使用函数的名称和参数来执行函数的过程。函数的调用即函数的使用过程,通过执行函数体内的代码,获得函数的返回值。

函数调用的语法格式为：

函数名(参数列表)；

函数调用的过程描述为以下几个步骤：

①执行到函数调用的语句；

②程序将控制权传递给被调用的函数；

③执行函数体内的代码；

④如果函数有返回值，函数会计算并返回一个值；

⑤控制权返回到函数调用的位置，继续执行下一条语句。

3.程序举例

例 7.1：函数 max 及库函数 printf 的定义、声明和调用(见图 7.1)。

```c
#include <stdio.h> //该文件中包含了 printf 函数的声明
int main( )//C 语言程序开始的函数,它被操作系统调用
{ int m;
  int max(int, int);/* 函数声明, */
  m=max(4,6);/* 函数调用,把返回值赋给 m */
  printf("The max integer is %d", m);
  return 0;
}
int max(int x, int y)/* 函数定义 */
{                    //函数体开始
int z;
z=x>y? x:y;
return   z ;
}//函数体结束,函数定义结束
```

```
The max integer is 6
------------------------------------
Process exited after 0.1763 seconds with return value 0
请按任意键继续. . . _
```

图 7.1　例 7.1 运行结果

7.1.3　函数的参数

1.函数的参数

函数的参数是在函数定义或声明中指定的输入值。函数参数可以是零个或多个,用于函数间的数据传递。通过参数函数可以接受外部传入的数据,并在函数内部进行处理或使用。函数参数分为两种类型：

(1)形式参数

形式参数,简称形参,是在函数定义或声明时的参数,其作用类似于函数内部的局部变量,

每个形式参数都有一个类型和一个名称。

形式参数的语法格式为:类型 参数名,多个形式参数之间用逗号进行分隔。

(2)实际参数

实际参数,简称实参,是在函数调用时提供的实际参数值,是传递给函数的真实数据,用于将数值传递给形参变量。

实际参数可以是常量、变量、表达式或函数调用的结果。

(3)关于形参和实参的说明

A.形参变量在未出现函数调用时,并不占据内存,只有发生函数调用时形参才被分配存储空间,调用结束,内存释放。

B.实参可以是常量、变量或表达式。

C.实参和形参类型应一致。

D.实参和形参之间的数据传递本质上是赋值过程,实参和形参占据不同的内存空间。在调用函数时,给形参分配存储空间,并将实参的值传递给形参,调用结束后,形参单元被释放,实参单元维持原值。

程序举例:

```
int add( int a, int b) {
    //函数体内使用形式参数
    int sum = a + b;
    return sum;
}
…
int result = add(3, 5);
…
```

上述例子中的 add 函数有两个形式参数 a 和 b,都是 int 型;在函数调用时,3 和 5 表示实参,用于给形参 a 和 b 进行赋值。

7.1.4　函数的返回值

1.函数的返回值

函数的返回值是函数执行完毕后返回给调用者的结果或数据,表示函数完成计算或处理后的输出。返回值可以是任意有效的数据类型,包括基本数据类型和自定义的数据类型。在函数定义或声明中,通过指定返回类型来定义函数的返回值类型,或者利用特殊的返回类型 void 表示函数没有明确的返回值。

从语法格式上说,函数的返回值使用 return 语句显式地返回给调用者。return 语句可以出现在函数的任意位置,也可以有一个以上的 return 语句,但只能有一个被执行。一旦执行到 return 语句,函数将立即返回并结束执行。return 语句返回值的类型一般应和定义函数时定义的类型一致。若不一致,以定义的函数值类型为准。

关于函数返回值的几点说明:

(1)函数中没有 return 语句时,函数仍然返回值,只是这个值是不确定的。

（2）用 void 来定义函数类型,以明确说明函数是不返回值的。

（3）函数返回值的过程本质上也是赋值过程,是将函数内得到的值,赋值给函数外(另一个函数中)变量的过程。

2.无返回值函数

无返回值函数是比较特殊的函数。这类函数相当于执行一系列操作或任务,但没有返回具体的数值或结果给调用函数。从语法格式来说,无返回值函数是指在函数定义或声明中使用 void 关键字作为返回类型的函数。

例 7.2：无返回值函数的定义、声明和调用(见图 7.2)。

```c
#include <stdio.h>
int main( )
{
int c=15;
int d=25;
void sum2(int x, int y);/* 无返回值,有参数函数声明 */
sum2(c,d);/*无返回值,有参数函数调用 */
return 0;
}
void sum2(int x, int y)/* 无返回值,有参数函数定义 */
{
int sum;
sum=x+y;
printf(" \nc+d= %d\n",sum);
}
```

从上面示例中看到,无返回值函数的定义和声明中返回值类型是 void 类型,函数定义中没有 return 语句。函数的调用就是完成了一个动作,没有返回值。

图 7.2　例 7.2 运行结果

7.2　不同类型参数的函数

7.2.1　结构体类型作为函数参数

参数和返回值类型是结构体类型量值时,本质上与整型、字符型等没有区别,只要保持实参与形参类型一致,同时函数内实际返回值与函数外接收返回值的变量类型也需要一致。

以下通过例子介绍结构体作为函数参数的使用情况。

例 7.3:编写程序实现输出船员信息(见图 7.3)。

```c
#include <stdio.h>

//定义船员结构体
typedef struct {
    char name[20];
    int age;
    char position[20];
} CrewMember;

//定义参数为结构体类型的函数,用于输出船员信息
void printCrewInfo(CrewMember crew) {
    printf("船员姓名: %s\n", crew.name);
    printf("船员年龄: %d\n", crew.age);
    printf("船员职位: %s\n", crew.position);
    printf("------------------------------\n");
}

int main() {
    //创建船员结构体实例
    CrewMember john = {"John", 30, "船长"};
    CrewMember mary = {"Mary", 25, "航海员"};
    CrewMember tom = {"Tom", 28, "机械师"};

    //调用参数为结构体类型的函数,输出船员信息
    printCrewInfo(john);
    printCrewInfo(mary);
    printCrewInfo(tom);

    return 0;
}
```

上述例子中在函数内部通过直接访问结构体的字段来输出船员的信息。在 main 函数中,创建了 3 个船员结构体变量 John、Mary 和 Tom,然后将它们作为参数直接传递给 printCrewInfo 函数进行输出。

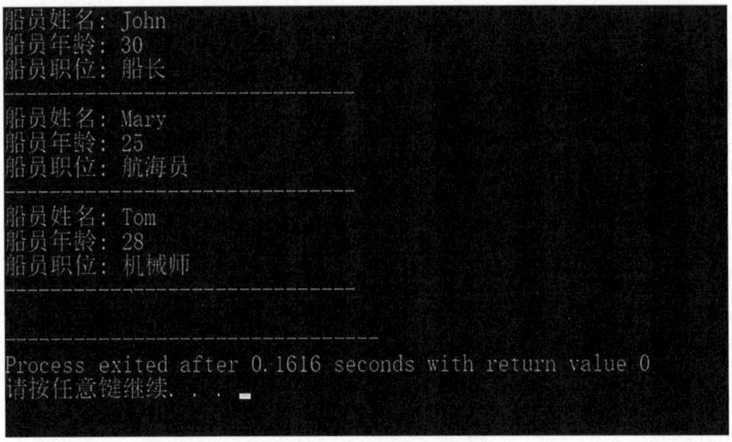

图 7.3　例 7.3 运行结果

例 7.4:用单独的函数实现对结构体学生变量的输入和输出(见图 7.4)。

```c
#include <stdio.h> //因为调用格式输入输出函数,包含此文件
#include <string.h> //因为调用字符串操作函数,包含此文件
typedef int    Score[3]; //定义 int[3]数组类型 Score
typedef char Name[10];    //定义 char[10]数组类型 Name
struct Student{
int id;
Name name;
Score score;
};                        //定义结构体类型 Student
typedef Student StudentDef; //将结构体类型定义成新名字
StudentDef StuInput();     //对结构体变量输入的函数声明
void StuOutput(StudentDef TemStu); //对结构体变量输出的函数声明

int main()
{
StudentDef LiLi;    //定义结构体变量
LiLi = StuInput();   //用输入函数的返回值给结构体变量赋值,实现输入
StuOutput(LiLi); //以结构体变量为实际参数,调用输出函数,实现输出
        return 0;
}

StudentDef StuInput()   //输入函数的定义
{
int i;
StudentDef TemStu;
printf("\n 请输入整数编号,回车结束:");
```

```
scanf("%d",&TemStu.id);
getchar();        //吃掉回车符
printf("\n请输入姓名字符串,回车结束");
gets(TemStu.name);
printf("\n请输入三门课的整数成绩,每门成绩以回车结束\n");
for (i=0; i<3; i++) {
scanf("%d",&TemStu.score[i]);
getchar();
}
return TemStu;    //以一个结构体变量形式,返回从键盘输入的量值
}


void StuOutput(StudentDef TemStu)    //输出函数的定义
{
printf("\n%d    %s    %d    %d    %d\n",TemStu.id, TemStu.name, \
TemStu.score[0],TemStu.score[1],TemStu.score[2]);
}
```

上述示例中的 main 函数非常简单,是整个程序的基本步骤,即(1)定义 Student 型变量;(2)给该变量赋值;(3)输出该变量的值。而函数 StuInput 和 StuOutput 实现了 Student 型结构体变量的通用输入输出功能。

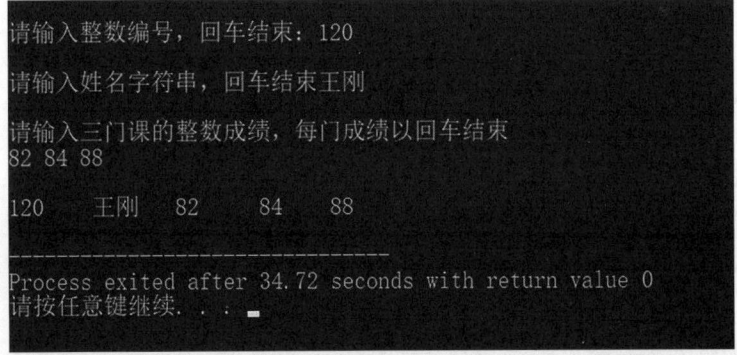

图 7.4   例 7.4 运行结果

7.2.2   简单指针类型作为函数参数

当指针类型作为函数实参的时候,形参需要定义为指针类型,实参可以是指针,也可以是变量的地址。函数调用时,首先传递变量的地址,通过使变量数值发生改变的方式达到修改变量值的目的。

以下通过一个例子中的多种函数对比,进一步掌握指针作为函数参数的应用。

例 7.5:参数分别是普通变量和指针变量的两个函数,对两个变量做交换操作(见图 7.5)。

```
#include <stdio.h>
```

```
void swap1(int a, int b) {   //参数是简单变量的函数
int c;
c=a;                 //通过中间变量c交换a和b的值
a=b;
b=c;
}
void swap2(int * a, int * b) {   //参数是指针变量的函数
int c;                //通过中间变量c交换*a和*b的值
c= * a;
*a= * b;
*b=c;
}
void swap3(int * a, int * b) {   //参数是指针变量的函数
int * c;                 //通过中间指针变量c交换a和b的值
c=a;
a=b;
b=c;
}
int main( ) {
int x=2;
int y=100;
swap1(x, y);//以普通变量值为实际参数,调用形式参数是普通变量的函数
printf(" \nswap1: x= %d, y= %d", x, y);
swap2(&x, &y); //以普通变量的地址为实际参数,调用形式参数是指针变量的函数
printf(" \nswap2: x= %d, y= %d", x, y);
swap3(&x, &y); //以普通变量的地址为实际参数,调用形式参数是指针变量的函数
printf(" \nswap3: x= %d, y= %d\n", x, y);
}
```

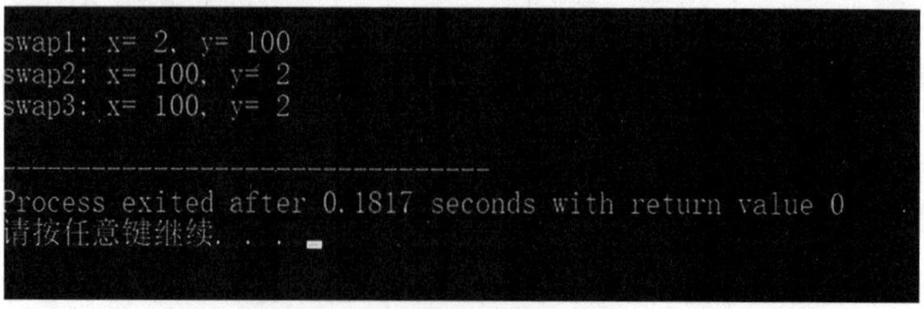

```
swap1: x= 2, y= 100
swap2: x= 100, y= 2
swap3: x= 100, y= 2
------------------------------------
Process exited after 0.1817 seconds with return value 0
请按任意键继续. . .
```

图7.5　例7.5 运行结果

程序执行结果如图7.5所示。

分析:语句swap1(x, y);//调用函数swap1,创建两个新变量a、b,将x和y值分别赋值给a和b。在函数内部,通过变量c,将a和b的值交换。但并没有影响原来x和y的值。(图7.6中十六进制地址值均为假设,以后相同)。函数 swap1 的量值交换过程如图7.6所示。

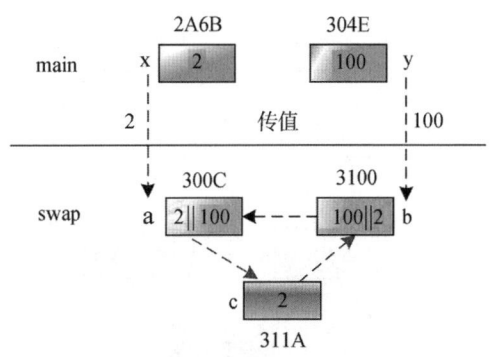

图 7.6　函数 swap1 的量值交换过程

从图 7.5 可以看出,函数 swap1 执行的结果,是函数内形式参数变量将从实际参数变量赋值过来的值 2 和 100,通过中间变量 c 进行了交换,而实际参数变量 x 和 y 保持原来的值。语句 swap2(&x, &y); // 调用函数 swap2,创建两个指针变量 a 和 b,将 x 的地址值 &x 和 y 的地址值 &y 分别赋值给 a 和 b,在函数内部,通过普通变量 c,将指针变量 a 和 b 所指向的两个变量(x 和 y)的值交换了。函数 swap2 的量值交换过程如图 7.7 所示。

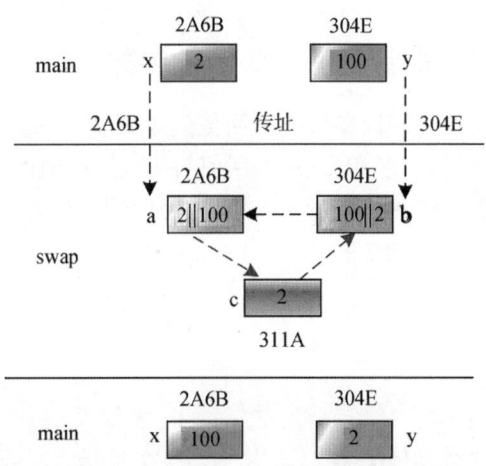

图 7.7　函数 swap2 的量值交换过程

语句 swap3(&x, &y); //调用函数 swap3,创建两个指针变量 a 和 b,将 x 的地址值 &x 和 y 的地址值 &y 分别赋值给 a 和 b,在函数内部,通过指针变量 c,交换了指针变量 a 和 b 的值,即将指针变量 a 和 b 的指向改变了,即 a 改为指向 y,b 改为指向 a。而实际参数变量 x 和 y 的值没有改变。函数 swap3 的量值交换过程如图 7.8 所示。

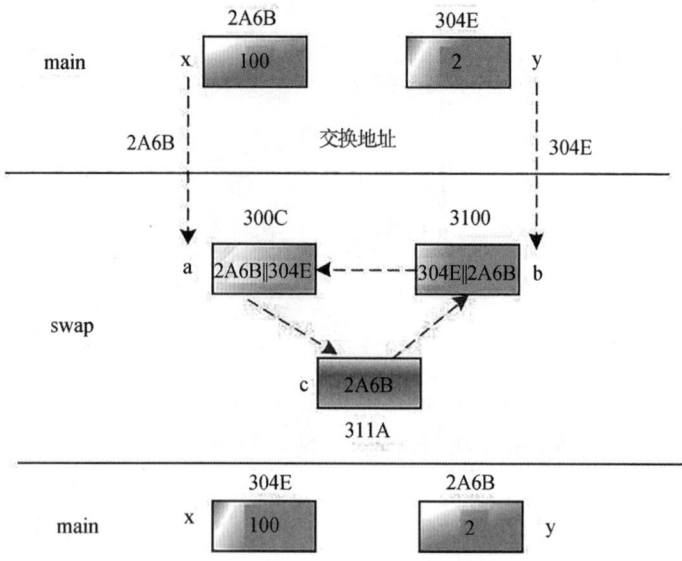

图 7.8　函数 swap3 的量值交换过程

7.2.3　结构体类型的指针量值作为函数参数

结构体类型的指针量值作为函数参数或返回值的规则和上面整型指针量值的规则完全相同。实际使用过程中，只要保证实参和形参、返回值与接收返回值的变量类型相同就可以了。

例 7.6：用输入输出函数对结构体变量输入输出，使用例 7.5 交换两个整型变量值的各种形式，交换两个结构体变量的值（见图 7.9）。

```
#include <stdio.h>
#include <string.h>
typedef int    Score[3];
typedef char Name[10];
struct Student{   //定义结构体类型
int id;
Name name;
Score score;
};
typedef Student StudentDef;
void StuInput(StudentDef   * TemStu);    //结构体变量输入函数的声明
void StuOutput(StudentDef TemStu);      //结构体变量输出函数的声明
void swap1(StudentDef a, StudentDef b);   //以结构体变量为形式参数的交换函数声明
void swap2(StudentDef * a, StudentDef * b); //以结构体指针变量为形式参数的交换函
数//声明
void swap3(StudentDef * a, StudentDef * b);
int main()
```

```
{
StudentDef LiLi, WangHong;   //定义 StudentDef 型的两个结构体变量
StuInput(&LiLi);              //调用输入函数给结构体变量 LiLi 输入
StuInput(&WangHong);          //调用输入函数给结构体变量 WangHong 输入
puts("输入的两人信息是:\n");
StuOutput(LiLi);              //调用输出函数,输出结构体变量 LiLi
StuOutput(WangHong);          //调用输出函数,输出结构体变量 WangHong
puts("运行 swap1(LiLi, WangHong)后,交换的结果是:\n");
swap1(LiLi, WangHong);        //调用交换函数 swap1
StuOutput(LiLi);              //输出 LiLi,检查是否被交换
StuOutput(WangHong);          //输出 WangHong,检查是否被交换
puts("运行 swap2(&LiLi, &WangHong)后,交换的结果是:\n");
swap2(&LiLi, &WangHong);      //调用交换函数 swap2
StuOutput(LiLi);              //输出 LiLi,检查是否被交换
StuOutput(WangHong);          //输出 WangHong,检查是否被交换
puts("运行 swap3(&LiLi, &WangHong)后,交换的结果是:\n");
swap3(&LiLi, &WangHong);      //调用交换函数 swap3
StuOutput(LiLi);              //输出 LiLi,检查是否被交换
StuOutput(WangHong);          //输出 WangHong,检查是否被交换
        return 0;
}
void StuInput(StudentDef * TemStu) //结构体变量输入函数定义
{
int i;
printf("\n 请输入整数编号,回车结束:");
scanf("%d",&(TemStu->id));
getchar();
printf("\n 请输入姓名字符串,回车结束");
gets(TemStu->name);
printf("\n 请输入三门课的整数成绩,每门成绩以回车结束\n");
for (i=0; i<3; i++) {
scanf("%d",&TemStu->score[i]);
getchar();
}
}
void StuOutput(StudentDef TemStu)   //结构体变量输出函数定义
{
printf("\n%d    %s   %d    %d    %d\n",TemStu.id, TemStu.name, \
TemStu.score[0],TemStu.score[1],TemStu.score[2]);
```

```
}
/*此处以下是和例 5.4 逻辑意义相同的 3 个交换两个变量值函数,请参考例 5.4*/
void swap1(StudentDef a, StudentDef b){
StudentDef c;
c=a;
a=b;
b=c;
}
void swap2(StudentDef * a, StudentDef * b){
StudentDef c;
c= * a;
* a= * b;
* b=c;
}
void swap3(StudentDef * a, StudentDef * b){
StudentDef * c;
c=a;
a=b;
b=c;
}
```

上述示例分别将 3 种交换算法应用于结构体量值,函数的形式参数使用了 StudentDef 型结构体变量和指向 StudentDef 型变量的指针变量。输入函数 StuInput(StudentDef * TemStu)的形式参数改为指针变量,函数不用返回值,而本质上起到了返回值的作用。

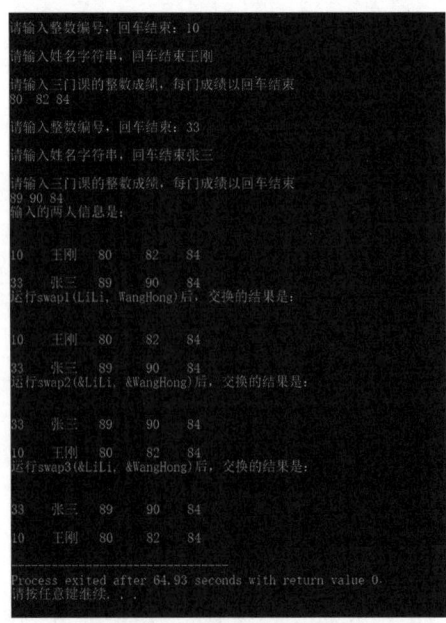

图 7.9　例 7.6 运行结果

例 7.7:功能同例 7.3,差别在于参数类型不同,本例中用指向结构体的指针代替之前的结构体类型作为形式参数(见图 7.10)。

```c
#include <stdio.h>

//定义船员结构体
typedef struct {
    char name[20];
    int age;
    char position[20];
} CrewMember;

//定义参数为结构体类型的函数,用于输出船员信息
void printCrewInfo(const CrewMember * crew) {
    printf("船员姓名:%s\n", crew->name);
    printf("船员年龄:%d\n", crew->age);
    printf("船员职位:%s\n", crew->position);
    printf("-----------------------------\n");
}

int main() {
    //创建船员结构体实例
    CrewMember john = {"John", 30, "船长"};
    CrewMember mary = {"Mary", 25, "航海员"};
    CrewMember tom = {"Tom", 28, "机械师"};

    //调用参数为结构体类型的函数,输出船员信息
    printCrewInfo(&john);
    printCrewInfo(&mary);
    printCrewInfo(&tom);

    return 0;
}
```

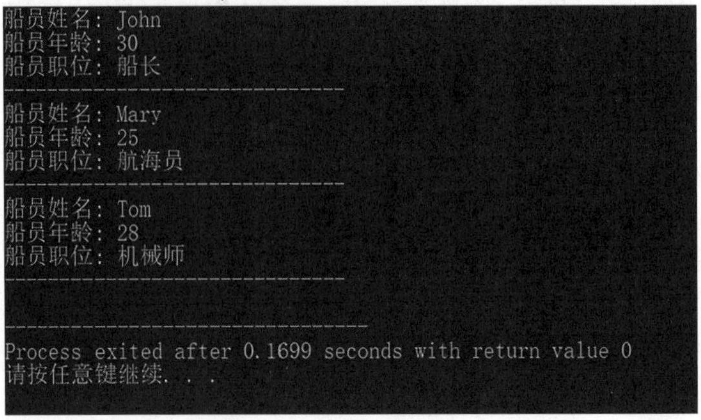

```
船员姓名：John
船员年龄：30
船员职位：船长
-------------------------------
船员姓名：Mary
船员年龄：25
船员职位：航海员
-------------------------------
船员姓名：Tom
船员年龄：28
船员职位：机械师
-------------------------------

-------------------------------
Process exited after 0.1699 seconds with return value 0
请按任意键继续. . .
```

图 7.10　例 7.7 运行结果

7.2.4　一维数组名作为函数参数

一维数组名作为函数参数时,形参数组和实参数组共用相同地址,即在函数中对形参数组的改变就是对于实参数组的操作。一般来说,通过这种形式,即可以实现函数对一维数组的操作。

例 7.8:用独立函数对整型一维数组做输入、输出和冒泡排序操作(见图 7.11)。

```
#include<stdio.h>// 头文件,系统函数声明部分
void ArrayInput(int * , int);  //一维数组输入函数的声明
void ArrayOutput(int * , int);  //一维数组输出函数的声明
void BubbleSort(int * , int);  //一维数组冒泡排序函数声明
int main()//主函数,程序运行入口
{
    int a[5];
ArrayInput(a, 5);//调用输入函数,为数组赋值
printf("输入的整数顺序为:\n");
ArrayOutput(a, 5);// 调用输出函数,显示输入的值
BubbleSort(a,5);//调用排序函数对数组排序
printf("排序后的整数为:\n");
ArrayOutput(a, 5);//调用输出函数,显示排序后的值
        return 0;
}
void BubbleSort(int * p, int n) {  //一维整型数组冒泡排序函数定义
int i, j;
int t;
for (i=0; i<n-1; i++)
        for (j=0; j<n-1-i; j++)
```

```
        if（＊(p+j)＞＊(p+j+1))//函数内,用指针变量操作其指向的数组元素
            {t=＊(p+j)；＊(p+j)=＊(p+j+1)；＊(p+j+1)=t;}

}


void ArrayInput( int ＊ p, int n) {   //一维整型数组输入函数定义
int ＊tem;
printf("请输入 %d 个整数  :\n", n);
    for (tem=p; tem<p+n; tem++) //循环使用了数组的指针特性
        scanf("%d", tem);
    printf("\n");

}


void ArrayOutput( int ＊ p, int n) {   //一维整型数组输出函数定义
int ＊ tem;
    for (tem=p; tem<p+n; tem++)//循环使用了数组的指针特性
        printf("%d ", ＊tem);
printf("\n");
}
```

上述例子中,函数参数不但传递一维数组的指针(实参是数组名,形参是简单指针变量),而且传递一个表示数组长度的整数。因为传递的是数组的地址,函数内外操作的是相同内存地址,即本质上操作同一个数组,函数不用返回值,数组内的数值被输入、排序和输出。

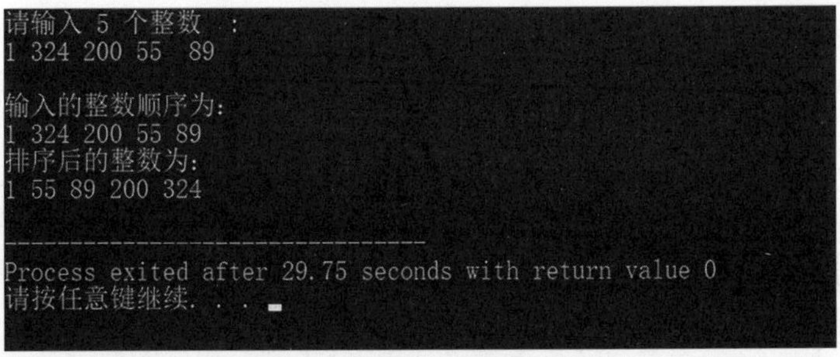

图 7.11　例 7.8 运行结果

例 7.9:遍历船员数组,并输出其个人信息(见图 7.12)。
```
#include <stdio.h>

//定义船员结构体
typedef struct {
    char name[20];
    int age;
    char position[20];
} CrewMember;
```

```
//定义函数,接受船员数组作为参数,并输出船员信息
void printCrewMembers( CrewMember crew[ ], int size) {
    for ( int i = 0; i < size; i++) {
        printf("船员姓名: %s\n", crew[i].name);
        printf("船员年龄: %d\n", crew[i].age);
        printf("船员职位: %s\n", crew[i].position);
        printf("-----------------------------\n");
    }
}

int main( ) {
    CrewMember crew[ ] = {
        {"John", 30, "船长"},
        {"Mary", 25, "航海员"},
        {"Tom", 28, "机械师"}
    };
    int size = sizeof( crew) / sizeof( crew[0]);

    //调用函数,传递船员数组名作为参数,并输出船员信息
    printCrewMembers( crew, size);

    return 0;
}
```

上述示例中,首先定义了船员结构体 CrewMember,它包含船员的姓名、年龄和职位字段。然后,定义了一个函数 printCrewMembers,用于接收一个船员数组 crew 以及数组的大小 size 作为参数,函数内部使用循环遍历数组元素,并输出船员的信息。在 main 函数中,声明了一个船员数组 crew,并初始化了数组的元素。通过 sizeof 运算符计算出数组的大小,并将数组名 crew 以及大小作为参数传递给 printCrewMembers 函数。

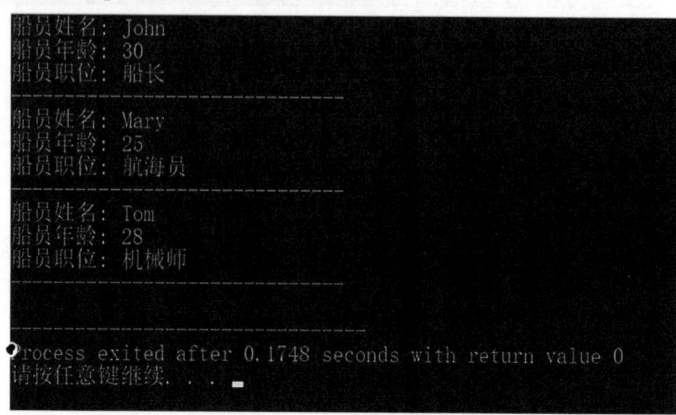

图 7.12　例 7.9 运行结果

7.2.5　二维数组名作为函数参数

二维数组名作为函数参数时,形参数组和实参数组也是共用一组地址,即在函数中对形参数组的改变就是对于实参数组的操作。一般来说,通过这种形式,即可以实现函数对二维数组的操作。

例 7.10:以单独函数的形式,用冒泡法对二维数组中每行排序,实际参数传递的是二维数组名(见图 7.13)。

```
#include<stdio.h>
#define M    3//宏定义,后面要学习,程序中的 M 会被替换为3
#define N    5
void ArrayInputTwoDem( int ( * p)[N]); //二维数组输入函数的声明
void ArrayOutputTwoDem(int ( * p)[N]); //二维数组输出函数的声明
void BubbleSortTwoDem(int ( * p)[N]); //二维数组每行冒泡排序函数的声明
int main( )
{
    int a[M][N];   //定义 3 行 5 列二维数组
printf( "\n 请输入 %d 个整数,空格分隔\n", M * N);
ArrayInputTwoDem(a);   //二维数组输入函数调用
printf( "输入的整数为:\n");
ArrayOutputTwoDem(a);   //二维数组输出函数调用
BubbleSortTwoDem(a);   //二维数组每行冒泡排序函数调用
printf( "分行排序后的二维数组为:\n");
ArrayOutputTwoDem(a); //排序后,调用二维数组输出函数,查看排序结果
        return 0;
}
void ArrayInputTwoDem( int ( * p)[N]) {   //二维数组输入函数定义
int i, j;
for (i=0; i<M; i++)
for (j=0; j<N; j++) {
scanf( "%d", * (p+i)+j);
getchar( ); //用于接收回车符
}
}
void ArrayOutputTwoDem(int ( * p)[N]){     //二维数组输出函数定义
int i, j;
for (i=0; i<M; i++) {
for (j=0; j<N; j++) {
printf( "\t%d\t", * ( * (p+i)+j));
```

```
        }
        printf(" \n");
    }
}

void BubbleSortTwoDem(int ( * p)[N]) {//二维数组每行冒泡排序函数定义
    int i, j, k;
    int t;
    for (i=0; i<M; i++) {
        for (j=0; j<N-1; j++)
            for (k=0; k<N-j; k++)
                if ( * ( * (p+i)+k)>( * ( * (p+i)+k+1)) ) {
                    t= * ( * (p+i)+k);
                    * ( * (p+i)+k)= * ( * (p+i)+k+1);
                    p[i][k+1]=t;  //完全可以用数组名的形式,使用指针变量,
                    }// 因为它们代表同样的量值
    }
}
```

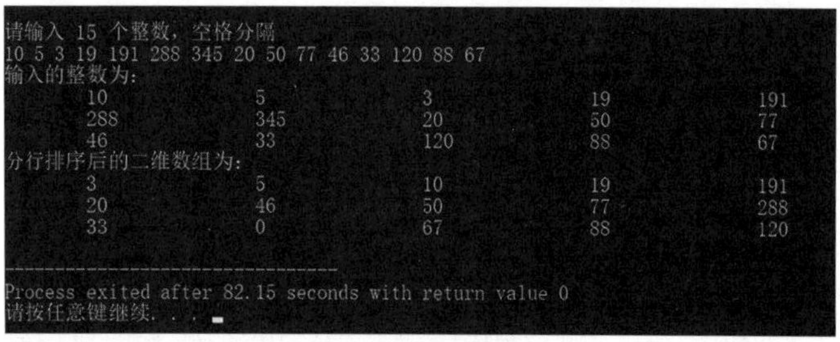

图 7.13　例 7.10 运行结果

7.2.6　返回值是指针类型的函数

返回值是指针类型的函数可以在函数内部创建一个指针对象,并将其指向一个内存地址。通过返回该指针对象,函数可以将指针所指向的内存地址传递给函数外部使用。

例 7.11:在一维结构体数组中查找某一姓名的人,返回该人的地址(见图 7.14)。

```
#include <stdio.h>
#include <string.h>
typedef int   Score[2];
typedef char Name[10];
struct Student{
    int id;
    Name name;
    Score score;
```

```
};
void InputStudent(Student * p);
void OutputStudent(Student * p);
Student * FindName(Student * p, int n, char * name); //数组中根据姓名查找函数的
```
声明
```
int main()
{
int j;
Student students[3];
Student *p;
char tem[10];
for (j=0; j<3; j++) {
printf("\n请输入整数编号,回车结束:");
InputStudent(students+j);   //循环调用结构体变量输入函数,给数组赋值
}
for (j=0; j<3; j++) {
OutputStudent(students+j);   //循环调用结构体变量输出函数,输出数组
}
puts("请输入要查找人员姓名:\n");
gets(tem);
p=FindName(students, 3, tem); //调用数组内根据姓名查找函数
if (p! =NULL)
OutputStudent(p); //以找到的数组内结构体变量地址为参数,调用输出函数
else
printf("没找到! \n");
          return 0;
}

void InputStudent(Student * p) {//结构体变量输入函数定义
int i;
scanf("%d",&p->id);
getchar();
printf("\n请输入姓名字符串,回车结束");
gets(p->name);
printf("\n请输入两门课的整数成绩,每门成绩以回车结束\n");
for (i=0; i<2; i++) {
scanf("%d",&p->score[i]);
getchar();
}
```

```
}

void OutputStudent(Student * p) {//结构体变量输出函数定义
printf("\n%d    %s    %d    %d    \n", p->id, p->name, \
p->score[0],p->score[1]);
}

Student * FindName(Student * p, int n, char * name) {//结构体数组内根据姓名查找函
数 //定义
int i;
for (i=0; i<n; i++) {
if (! strcmp(p->name, name)) {
return p;
}
else
p++;
}
return NULL;
}
```

上面的程序中,先输入 3 个人的信息,给 Student 型数组 students 赋值,然后将输入信息输出显示一次。再输入要查找的人的姓名,将数组名、数组长度和要查找的姓名字符串以实际参数传递给函数 FindStudent,如果找到,函数返回该人在数组中的指针,如果没找到,函数返回空指针 NULL。

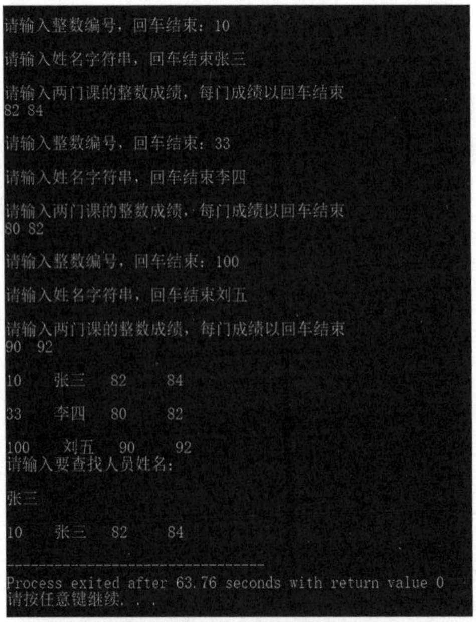

图 7.14　例 7.11 运行结果

7.3　函数的多级调用

函数的多级调用是指在一个函数内部调用另一个函数,而被调用的函数又可以调用其他函数。当一个函数内部调用另一个函数时,程序的执行流程会暂时跳转到被调用的函数,并在被调用函数执行完毕后返回到原函数继续执行。

7.3.1　函数的嵌套调用

在函数的多级调用过程中,可以形成嵌套的调用关系,即一个函数调用另一个函数,而被调用的函数又可以继续调用其他函数,如此往复。函数的嵌套调用就是通常的函数多级调用,即函数 1 调用函数 2,函数 2 再调用函数 3……如此继续下去,直到问题解决。值得注意的是:函数的调用可以多级嵌套,但函数的定义不可以,即函数都是平行定义在文件中的,一个函数内部不可以定义另一个函数,但可以调用另一个函数。

例 7.12:

```
#include <stdio.h>

//函数声明
void functionC( );
void functionB( );
void functionA( );

//函数 A
void functionA( ) {
    printf("这是函数 A\n");
    functionB( ); //调用函数 B
    printf("函数 A 继续执行\n");
}

//函数 B
void functionB( ) {
    printf("这是函数 B\n");
    functionC( ); //调用函数 C
    printf("函数 B 继续执行\n");
}

//函数 C
```

```
void functionC( ) {
    printf("这是函数 C\n");
    printf("函数 C 执行完毕\n");
}

int main( ) {
    printf("主函数开始执行\n");
    functionA( ); //调用函数 A
    printf("主函数执行完毕\n");

    return 0;
}
```

程序运行结果：

主函数开始执行

这是函数 A

这是函数 B

这是函数 C

函数 C 执行完毕

函数 B 继续执行

函数 A 继续执行

主函数执行完毕

上述示例定义了 3 个函数：functionA、functionB 和 functionC。这些函数按照顺序依次调用，并形成了函数的多级调用关系。在 main 函数中，首先输出一条消息，表示主函数开始执行。然后，调用 functionA，在 functionA 中又调用了 functionB，而 functionB 又调用了 functionC。每个函数在执行完自己的任务后，会继续执行后面的代码。最后，当所有函数调用链都执行完毕后，主函数输出一条消息表示执行完毕。

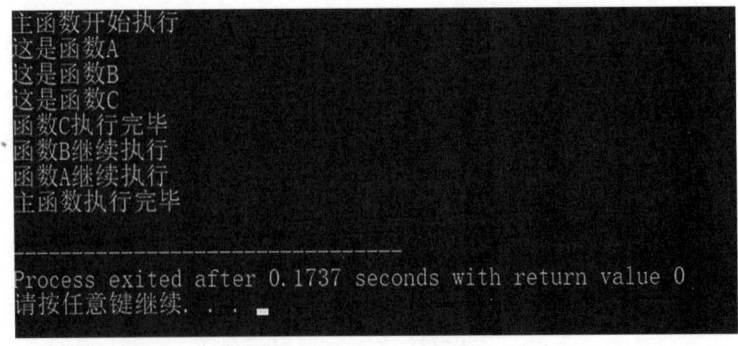

图 7.15　例 7.12 运行结果

7.3.2 函数的递归调用

函数的递归调用是指一个函数直接或间接地调用该函数本身,是函数多级调用的特殊形式。递归调用是一种强大的编程技巧,它允许函数通过解决更小规模的同一问题来解决大规模问题。递归调用通常包含两个要素:

基本情况(终止条件):这是一个停止递归的条件。当满足基本情况时,递归将停止,不再进行调用自身的操作。

递归步骤:这是递归调用的实际执行步骤。在每次递归调用中,问题的规模都会减小,通过调用自身来解决规模更小的子问题。

当递归函数被调用时,它会检查是否满足基本情况。如果满足,则返回基本情况的结果。如果不满足基本情况,函数将执行递归步骤,即调用自身来解决一个规模更小的子问题。在递归步骤中,函数会重复执行相同的操作,但是针对规模更小的子问题进行处理。递归调用会一直进行,直到满足基本情况,然后逐层返回结果,解决最初的大规模问题。递归调用在处理具有递归结构的问题时非常有用,例如树的遍历、图的搜索等。它能够简化问题的描述和解决过程,使代码更加清晰和简洁。

函数的递归调用可以简洁地解决很多问题,是 C 语言的特点之一。然而,递归调用也需要谨慎使用。递归深度过大可能导致栈溢出的问题,而且递归调用通常比迭代循环更消耗内存和计算资源。因此,在使用递归调用时,需要确保基本情况能够被满足,并且递归的深度受到控制,以避免出现潜在的问题。

例 7.13:用递归法求 n! (见图 7.16)。

```
#include<stdio.h>
long fac(int n)    //定义递归形式的阶乘函数
{long f;
if (n<0)
{printf("n<0,数据错误! \n");
return NULL;
}
else if (n==0||n==1)
f=1;
else
f=fac(n-1)*n;    //函数 fac 内调用了函数 fac
return (f);
}

int main()
{int n;
   long y;
   printf("\n 请输入一个整数:");
```

```
    scanf("%d", &n);
    y = fac(n);//调用阶乘函数
    printf("%d! = %ld\n", n, y);
    return 0;
}
```

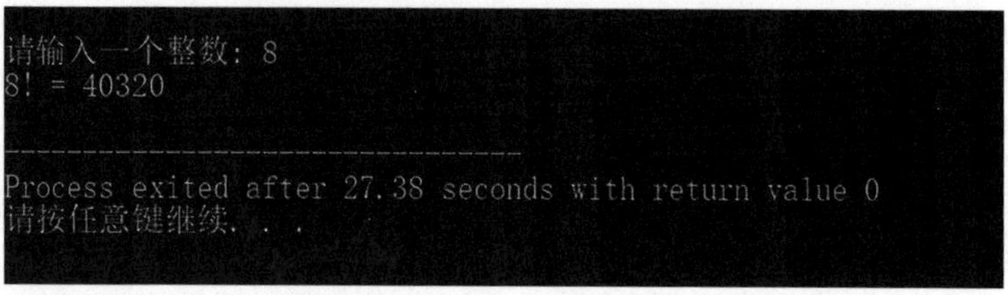

```
请输入一个整数: 8
8! = 40320
------------------------------------
Process exited after 27.38 seconds with return value 0
请按任意键继续. . .
```

图 7.16 例 7.13 运行结果

分析阶乘函数 fac：

(1)递归形式函数内一定有一个 if 语句,用来判断递归的结束条件。

(2)如果传入的参数是负数,0 或 1,程序直接返回。

(3)如果函数参数传入的值是非 1 正整数 n,函数会以 n-1 为参数调用阶乘函数 fac,再乘以 n,再以 n-2 为参数调用阶乘函数 fac,乘以 n-1。如此继续,直到以 1 为参数调用阶乘函数 fac。

例 7.14：计算斐波那契数列的第 *n* 项(见图 7.17)。

```c
#include <stdio.h>

//递归函数计算斐波那契数列的第 n 项
int fibonacci(int n) {
    //基本情况:当 n 等于 0 或 1 时,斐波那契数列的第 n 项为 n
    if (n == 0 || n == 1) {
        return n;
    }
    //递归步骤:计算斐波那契数列的第 n 项,等于前两项的和
    return fibonacci(n - 1) + fibonacci(n - 2);
}

int main() {
    int num = 6;
    int result = fibonacci(num);
    printf("斐波那契数列的第%d 项为: %d\n", num, result);

    return 0;
}
```

上述示例定义了一个名为 fibonacci 的函数,用于计算斐波那契数列的第 *n* 项。在函数内部,首先定义基本情况,即当 *n* 等于 0 或 1 时,斐波那契数列的第 *n* 项为 *n*。然后,在递归步骤

中,通过调用自身来计算斐波那契数列的第 n 项,该项等于前两项的和。在程序的 main 函数中,选择计算斐波那契数列的第6项(可以根据需要修改 num 的值),然后调用 fibonacci 函数进行计算,并将结果输出。

斐波那契数列的第6项为: 8

Process exited after 0.1699 seconds with return value 0
请按任意键继续. . .

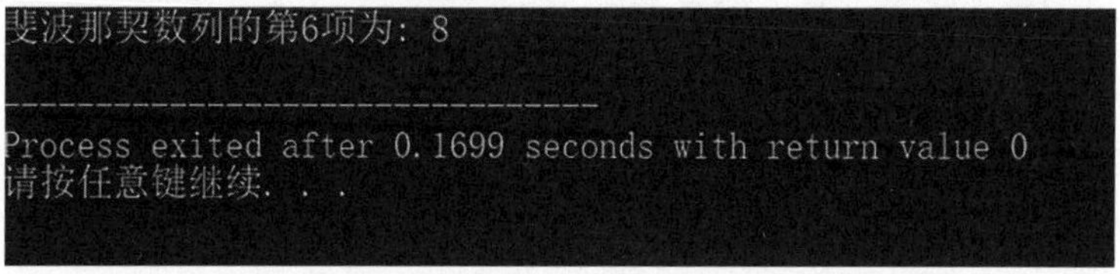

图 7.17　例 7.14 运行结果

例 7.15:猴子偷桃问题(见图 7.18)。/* 一只猴子在某一天摘下若干个桃子,当时吃掉一半,再多吃了一个;第二天又将第一天剩下的桃子吃掉一半,再多吃了一个;以后每天都吃掉前一天剩下的桃子的一半,再多吃了一个;到第十天再去吃桃子时,只剩下一个桃子了。请问猴子第一天共摘下多少个桃子? */

```c
#include <stdio.h>

//递归函数计算猴子偷桃的总数
int monkeyStealPeach(int day) {
    //基本情况:当天数等于 10 时,猴子只能偷走最后一个桃子
    if (day == 10) {
        return 1;
    }
    //递归步骤:假设后一天猴子还有 x 个桃子,那么今天猴子偷走了 (x+1)*2 个桃子
    //然后递归计算剩下的天数猴子偷桃的总数
    int nextDayPeachCount = (monkeyStealPeach(day + 1) + 1) * 2;
    return nextDayPeachCount;
}

int main() {
    int day = 1;
    int totalPeaches = monkeyStealPeach(day);
    printf("猴子偷桃第%d 天的总数为:%d\n", day, totalPeaches);

    return 0;
}
```

上述示例定义了 monkeyStealPeach 函数,用于计算猴子偷桃问题中指定天数后的桃子总数。在基本情况下,当天数为 10 时,猴子只能偷走最后一个桃子,此时桃子总数为 1。在递归步骤中,假设后一天猴子还有 x 个桃子,那么今天猴子偷走了 $(x+1) \times 2$ 个桃子,然后递归计算剩下的天数猴子偷桃的总数。在程序的 main 函数中,选择计算猴子偷桃第 1 天的总数(可以根据需要修改 day 的值),然后调用 monkeyStealPeach 函数进行计算,并将结果输出。

C语言程序设计教程

猴子偷桃第1天的总数为：1534
_____
Process exited after 0.1779 seconds with return value 0
请按任意键继续. . .

图 7.18　例 7.15 运行结果

7.4　函数的指针和指向函数的指针变量

7.4.1　函数的指针

函数可以看作复合的变量,变量是有指针的,函数也有指针。函数指针是一种特殊类型的指针,它指向函数而不是指向变量。函数指针允许在程序运行时动态地选择要调用的函数,并且可以将函数作为参数传递给其他函数。

函数的复合性(内部包含多行代码)有点类似数组,数组名是数组的指针,函数名是函数的指针,即函数的代码在内存中保存的起始地址。在 C 语言中,函数被存储在内存中的某个地址上。函数指针就是用来保存这个地址的指针变量。通过函数指针,可以直接引用并调用指向的函数,就像调用普通函数一样。C 语言允许定义指向特定类型函数的指针变量来间接操作该类函数,以增加程序的灵活性。

7.4.2　指向函数的指针变量

指向函数的指针变量,是一个指针变量,它的值是另一个同类型函数的起始地址,或者说是入口地址。

函数指针变量的定义形式:<返回值类型>（＊变量名）(函数参数类型列表)

在定义形式中,返回值类型和函数参数类型列表限定了该指针变量能够指向的函数的类型。如 int（＊p）(int , int);定义了一个指向函数的指针变量 p,它可以指向返回整型量值,需要两个整型参数的函数。

例 7.16:指向函数的指针变量程序举例(见图 7.19)。

```c
#include <stdio.h>

int add( int a, int b) {
    return a + b;
}

int main( ) {
    int ( * sum)(int, int); //声明函数指针
```

156

```
    sum = add; //赋值函数地址给函数指针

    int result = sum(3, 4); //使用函数指针调用函数

    printf("Result: %d\n", result);

    return 0;
}
```

上述例子声明了一个名为 sum 的函数指针,可以指向返回类型为 int,带有两个 int 类型参数的函数。然后,将 add 函数的地址赋值给 sum,使得 sum 指向 add 函数。最后,通过函数指针 sum 调用函数,传递参数 3 和 4,并将结果存储在 result 变量中。

图 7.19 例 7.16 运行结果

C 语言程序设计过程中也可以根据不同的条件选择不同的函数进行调用,通过改变函数指针的指向来实现动态选择。

例 7.17:用指向函数的指针变量,根据不同输入调用不同函数,实现在一维整型数组中最大值或最小值的查找(见图 7.20)。

```
#include <stdio.h>
int   FindMax(int * p, int n); //在数组中查找最大值函数
int   FindMin(int * p, int n); //在数组中查找最小值函数
int Find(int * p, int n); //查找的框架函数
int main()
{
int arry[5]={200, 4, 50, 1, 110}; //定义一维整型数组
int val;
val=Find(arry, 5); //调用查找框架函数
printf("要查找的值为: %d\n", val); //输出查找到的值
        return 0;
}
int Find(int * p, int n) { //查找的框架函数定义
int tem;
int ( * find)(int * p, int n); //声明可以指向两个查找函数的指针变量
puts("请选择:1-查找最大值;2-查找最小值。");//提示输入选项
scanf("%d", &tem);
switch (tem) {//根据输入选项,将函数指针变量指向不同的查找函数
case 1:
```

```
find = FindMax; //让函数指针变量指向最大值查找函数
break;
case 2:
find = FindMin; //让函数指针变量指向最小值查找函数
break;
}
tem = find(p, n); //用函数指针变量调用它指向的函数
return tem;   //返回查找到的值
}
int    FindMax(int * p, int n) {//数组中查找最大值函数的定义
int i, max;
max = * p++;
for (i = 1; i<n; i++) {
if ( max< * p )
max = * p;
p++;
}
return max;
}
int    FindMin(int * p, int n) {//数组中查找最小值函数的定义
int i, min;
min = * p++;
for (i = 1; i<n; i++) {
if ( min> * p )
min = * p;
p++;
}
return min;
}
```

上面示例中,根据用户输入选项,程序将指向函数的指针变量动态指向不同的函数,然后再用指针变量来调用它所指向的函数,从而灵活地实现了相应的功能。

```
请选择: 1—查找最大值; 2—查找最小值。
1
要查找的值为:   200
------------------------------------------
Process exited after 1.354 seconds with return value 0
请按任意键继续. . .
```
```
请选择: 1—查找最大值; 2—查找最小值。
2
要查找的值为:    1
------------------------------------------
Process exited after 76.43 seconds with return value 0
请按任意键继续. . . .
```

图 7.20　例 7.17 查找最大、最小值的运行结果

函数的形式参数可以是指向变量的指针变量,函数的形式参数自然可以是指向函数的指针变量。当函数的形式参数是指向函数的指针变量时,实际参数应该是同类型的函数名,或另一个同类型的指向函数的指针变量,这时指向函数的指针变量将另一个函数传递到函数内部进行

调用。传递不同的函数,就调用不同的函数。

函数指针作为函数返回值:函数可以返回一个函数指针,使得调用函数的结果是另一个函数的地址,从而可以在程序中动态选择要调用的函数。

例7.18:用指向函数的指针变量做查找函数的形式参数,通过传递不同的函数,实现一维数组内的最大值或最小值查找。

```
#include <stdio.h>
int   FindMax( int ＊ p, int n) ; //在数组中查找最大值函数
int   FindMin( int ＊ p, int n); //在数组中查找最小值函数
int Find( int ＊ p, int n, int ( ＊ pf)( int ＊ , int));//以指向函数的指针变量为形式参数的
查找
//框架函数
int main( )
{
int arry[ 5] = {200, 4, 50, 1, 110} ;   //定义整型一维数组
int val;
int tem;
puts( "请选择:1-查找最大值;2-查找最小值。") ;
scanf( "％d", &tem) ;
switch ( tem) {//根据不同的输入选项,将不同函数做实际参数,调用查找框架函数
case 1:
val = Find( arry, 5, FindMax) ; //以查找最大值函数做实际参数调用查找框架函数
break;
case 2:
val = Find( arry, 5, FindMin) ; //以查找最小值函数做实际参数调用查找框架函数
break;
}
printf( "要查找的值为:  ％d\n", val) ; //输出查找到的值
        return 0;
}
int Find( int ＊ p, int n, int ( ＊ pf)( int ＊ , int)) {//查找框架函数的定义,以函数指针为
参数
int tem;
tem = pf( p, n) ; //用函数指针变量动态调用不同的函数
return tem;   //返回查找到的值
}
int   FindMax( int ＊ p, int n) {//查找最大值函数的定义
int i, max;
max = ＊ p++;
for ( i = 1; i<n; i++) {
```

```
if ( max< * p )
max = * p;
p++;
}
return max;
}

int   FindMin(int  *  p, int n) {//查找最小值函数的定义
int i, min;
min  = * p++;
for ( i = 1; i<n; i++) {
if ( min> * p )
min = * p;
p++;
}
return min;
}
```

例 7.17 和例 7.18 本质上是一样的,都是用函数指针变量指向不同的函数。例 7.18 将函数的指针变量作为框架查找函数的形式参数,形式更简洁。

7.5   main 函数的参数

main 函数是 C 语言程序执行的入口点,没有其他 C 语言函数调用它。程序是运行在操作系统上的,main 函数是被操作系统调用的。由于 main 函数是程序和操作系统的接口,所以不但 main 这个函数名是固定的,其参数的名字和形式也是固定的,在运行程序时通过键盘直接给 main 函数传递实际参数。

在 C 语言中,main 函数可以接受两个参数:argc 和 argv。

(1)argc 是一个整数,表示命令行参数的数量,其值至少为 1,因为程序的名称本身也算一个参数。

(2)argv 是一个字符指针数组,用于存储命令行参数的字符串。每个参数都以字符串形式表示,并作为 argv 数组的元素存储。argv[0] 存储的是程序的名称,后续的参数依次存储在 argv[1]、argv[2]、argv[3]中,以此类推。

带有参数的 main 函数形式如下:

```
int main(int argc, char  * argv[ ] )
{
return 0;
}
```

因为指针数组名本质上是指针的指针,所以 main 函数的参数可以改为如下形式,而程序中的其他部分可以不变。

int main(int argc, char ＊＊ argv)

{

　　　　return 0;

}

例 7.19:用 main 函数参数接收键盘输入字符串,实现多个字符串的链接。

```
#include <stdio.h>
#include <string.h>
int main( int argc, char ＊ argv[ ]) {
char str[50];   //字符数组 str 用于存放连接字符串
strcpy( str, argv[0]);  //将最前面的 0 号字符串(程序名)复制到 str 数组中
while ( argc>1){//如果后面还有字符串
++argv;   //指针移动,指向下一个字符串
printf( "%s\n", ＊argv);   //输出当前指向的字符串
strcat( str, ＊argv);   //将当前指向的字符串连接到数组 str 中
--argc;          //计算剩余字符串数
    }
putchar('\n');   //换行
puts( str);       //输出连接后的字符串
    return 0;
}
```

由于 argc 记录的是字符串的个数,程序用 argc 做循环控制变量。argv 是字符指针数组,其中的每一个元素指向控制台输入的字符串,程序使用字符指针数组名操作数组中每一元素指向的字符串,实现字符串的输出、拷贝和链接。

例 7.19 程序在 Dev C++的集成开发环境中运行。编译通过后,选择“编译\构建”命令,Dev C++会在当前路径下生成和工程名相同的.exe 可执行文件。通过“开始\程序\附件\命令提示符”(或者 Win+R 输入 cmd 命令)进入控制台界面。用 cd 命令进入.exe 文件所在路径(作者编程序时的路径是 d:\cpp)。输入该可执行文件名和用空格分隔的若干字符串。程序会首先将输入的字符串在屏幕上显示一遍,然后输出所有字符串连接成的大字符串(见图 7.21)。

图 7.21　例 7.19 运行结果

161

7.6 动态内存管理函数

在 C 语言中,动态内存管理函数用于在程序运行时动态地分配和释放内存。这些函数允许程序在需要时请求内存,并在不再需要时释放内存,以便更有效地利用计算机的内存资源。C 语言提供了动态分配和释放内存的函数:函数 malloc( )和 free( )。函数 malloc( )可以在程序运行中动态分配确定大小内存,将内存地址赋值给相应的指针变量,之后可以使用指针变量操作此内存。函数 free( )用来释放不再使用的通过 malloc( )分配的内存。

函数 malloc( )和 free( )的声明在头文件 stdlib.h 中,所以使用两个函数前,要包含此头文件。函数的调用格式:

malloc(size); //size 表示内存字节数

free(pointer); //pointer 是指向 malloc 分配的内存区的指针变量

函数 malloc( )返回的是分配的地址。在将该地址赋值给指针变量时,通常要做强制类型转换。

例 7.20:基于指针数组的动态内存分配和释放(见图 7.22 和图 7.23)。

```c
#define N 3
#include <stdio.h>
#include<stdlib.h>
void release(int * * p) //回收内存函数定义
{
int i,j;
for (i=0; i<N; i++){
printf("\n");
for (j=0; j<i+1; j++)
printf("\t%d", p[i][j]);    //输出动态分配内存中的数据
free(p[i]);    //释放内存
putchar('\n');
}
}

int main( )
{
int i, j;
int * p[N];//定义长度 3 的指针数组
for (i=0; i<N; i++){
p[i]=(int *)malloc((i+1) * sizeof(int));//让每个指针变量指向动态分配的内存区
for (j=0; j<i+1; j++)
```

```
        p[i][j]=j+1;//给分配的内存区赋值
    }
    release(p);    //回收内存函数
        return 0;
}
```

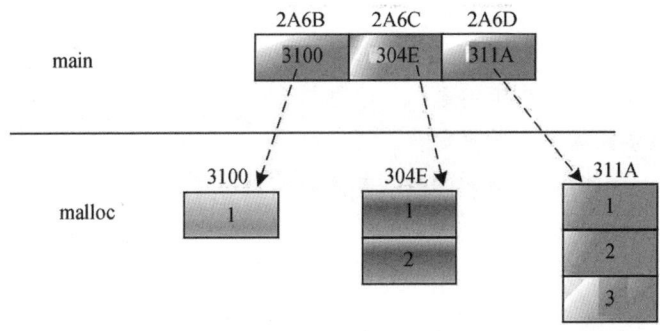

图 7.22　例 7.20 内存分配示意图

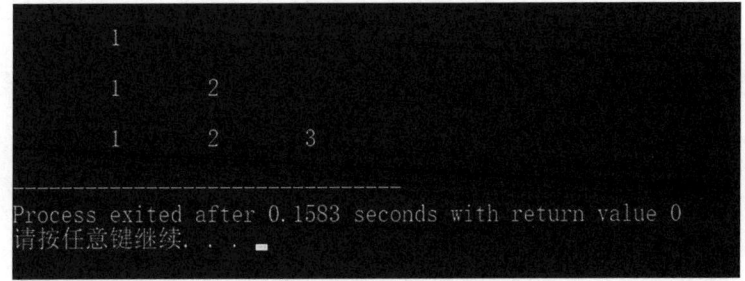

图 7.23　例 7.20 运行结果

一、选择题

1.在 C 程序中,main( )的位置(　　　)。

　A.必须作为第一个函数

　B.必须作为最后一个函数

　C.可以任意

　D.必须放在它所调用的函数之后

2.以下叙述中正确的是(　　　)。

A. 构成 C 程序的基本单位是函数

B. 可以在一个函数中定义另一个函数

C. main( ) 函数必须放在其他函数之前

D. 所有被调函数一定要在调用之前进行定义

3. C 语言规定,函数返回值的类型是(　　)。

A. 由 return 语句中的表达式类型所决定

B. 由被调用函数的类型所决定

C. 由主调函数中的实参数据类型所决定

D. 由被调函数中的形参数据类型所决定

4. 调用函数时,实参是一个数组名,则向函数形参传递的是(　　)。

A. 数组的长度

B. 数组每个元素的值

C. 数组的首地址

D. 数组中每个元素的地址

5. 设有一函数 f(int b[ ]),在某一主调用函数中有 f(a),其中 a 是一个整型数组且已赋值,则正确的叙述是(　　)。

A. a 数组与 b 数组各占用不同的存储空间。

B. 对 b 数组值的修改不影响 a 数组的值。

C. 对 b 数组元素值的修改实际上就是修改 a 数组

D. 实参与形参的结合是双向传递

6. 以下正确的说法是(　　)。

A. 在 C 语言中,实参变量和与其对应的形参变量各占用独立的存储单元。

B. 在 C 语言中,实参变量和与其对应的形参变量共占用同一个存储单元。

C. 在 C 语言中,当实参变量和对应的形参变量同名时,才占用相同的存储单元。

D. 在 C 语言中,形参变量是虚拟的,不占用存储单元。

7. 若已定义的函数有返回值,则以下关于该函数调用的叙述中错误的是(　　)。

A. 函数调用可以作为独立的语句存在

B. 函数调用可以作为一个函数的实参

C. 函数调用可以出现在表达式中

D. 函数调用可以作为一个函数的形参

8. 有以下函数定义:void fun(int n, double x) ｛ …… ｝

若以下选项中的变量都已正确定义并赋值,则对函数 fun 的正确调用语句是(　　)。

A. fun(int y,double m)

B. k = fun(10,12.5)

C. fun(x,n)

D. void fun(n,x)

二、写出以下程序的结果。

1.
```
int f( int a, int b) ;
int main( )
{   int i = 2,p;
p=f( i,i+1) ;
printf( "%d" ,p) ;
return 0;
}
int f( int a, int b)
{ int c;
if( a>b) c = 1;
else if( a == b) c = 0;
else c = -1;
return( c) ;
}
```

2.下面程序输出的最后一个值是
```
int fun( int a, int b) ;
int main( )
{ int n = 2, m = 4;
printf( "%d," ,fun( n,m) ) ;
printf( "%d" ,fun( n, m) ) ;
return 0;
}
int fun( int a, int b)
{
static int n;
int m=0;
n-=a+1;
m+=b-2;
return ( n+m) ;
}
```

3.
```
fun( int *a,int *b)
{int k;
k= *a; *a= *b; *b=k;
}
int main( )
{ int a=10,b=20, *x=&a, *y=&b;
fun( x,y) ;
printf( "%d,%d" ,a,b) ;
return 0;
}
```

4.
```
void fun( int *a,int *b)
{int *k;
k=a; a=b; b=k;
}
int main( )
{ int a=10,b=20, *x=&a, *y=&b;
fun( x,y) ;
printf( "%d,%d" ,a,b) ;
return 0;
}
```

5.
```c
void fun(int x,int y)
{x=x+y;y=x-y;x=x-y;    }
int main( )
{int x=2,y=3;
fun(x,y);
printf("%d,%d\n",x,y);
return 0 ;
}
```

6.
```c
void fun(int x,int y,int z)
{z=x * x+y * y+10;}
int main( )
{int a=100;
fun(2,3,a);
printf("%d",a);
}
```

7.
```c
int fun(int n)
{
if(n = = 1 || n = = 2)    return 2;
return (n-fun(n-1));
}
int main( )
{
printf("%d\n", fun(5));
return 0;
}
```

8.
```c
int a=3,b=5;
int max(int a, int b)
{int c;
c=a>b? a:b; return c;
}
int main( )
{int a=8;
printf("%d", max(a,b));
return 0;
}
```

第 *8* 章
变量的作用域和存储类别

引言

　　变量的作用域规定了变量的可见性,即在哪些部分可以引用或操作该变量。在 C 语言中,变量的作用域由其定义的位置所决定,合理地使用变量的作用域可以提高程序的可读性和可维护性,并避免命名冲突和意外的副作用。

　　存储类别在 C 语言中同样起着重要的作用,决定了变量的生命周期、作用域和存储位置。首先,存储类别决定了变量的生命周期,即变量存在的时间段。其次,存储类别还决定了变量的作用域,即变量在程序中可见的范围。此外,存储类别决定了变量在内存中的存储位置。存储类别还可以影响变量的初始化行为,根据存储类别的不同,变量可以具有不同的默认初始值。通过选择适当的存储类别,可以灵活地控制变量的生命周期、作用域和存储位置,从而满足程序的需求,并进行内存管理和性能优化。

8.1　变量的作用域

1.局部变量

　　C 语言中,根据变量的作用域不同,可以将变量分为全局变量和局部变量。局部变量是在函数内部定义的变量,具有块作用域,只在其定义所在的块内可见。在某个函数内部,可以用{}来定义复合语句。在复合语句中也可定义局部变量,但这种变量只能在该复合语句范围内有效。

```
float f1(int a)
{ int b,c;
    ...
}
```
变量 a,b,c 的有效范围

```
char f2(int x,int y)
{ int i,j;
    ...
}
```
变量 x,y,i,j 的有效范围

```
main( )
{   char c1,c2;
    ...
}
```
变量 c1,c2 的有效范围

程序举例：

例 8.1：

```
#include <stdio.h>

void exampleFunction( ) {
    int localVar = 10; //局部变量在函数内部定义
    printf("局部变量 localVar 的值:%d\n", localVar);
}

int main( ) {
    exampleFunction( );
    // printf("%d\n", localVar);  //错误! 局部变量不在作用域内

    return 0;
}
```

在这个示例程序中，exampleFunction( ) 函数内部定义了一个名为 localVar 的局部变量，该变量只在 exampleFunction( ) 函数内部可见和访问。如果尝试在 main( ) 函数中访问 localVar 会导致编译错误，因为该变量的作用域仅限于 exampleFunction( ) 函数内部。

图 8.1 为例 8.1 运行结果。

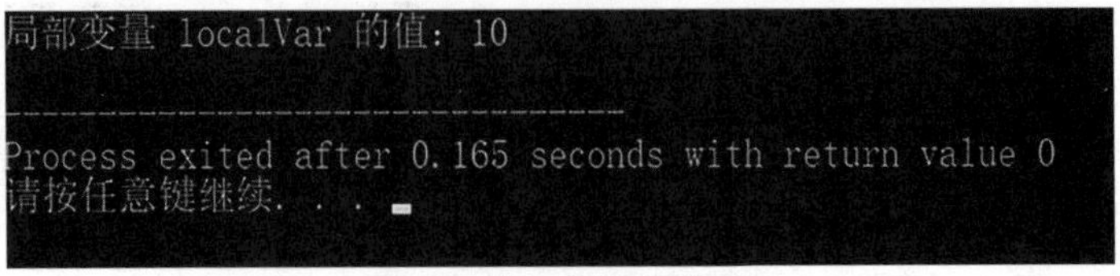

图 8.1　例 8.1 运行结果

2.全局变量

相对于局部变量，全局变量是在函数外部定义的变量，其作用域是从定义之处开始，到整个文件接受，即在整个文件中可见。

```
int p=1,q=5; /* 全局变量 */
float f1(int a)
{ int b,c;
    …    }
char c1,c2;   /* 全局变量 */
char f2(int x,int y)
{ int i,j;
    …    }
main( )
{ int i,j;
…    }
```

全局变量 c1, c2 作用范围

全局变量 p, q 的作用范围

例 8.2：
```
#include <stdio.h>
int globalVar = 20;   //全局变量在函数外部定义

void exampleFunction( ) {
    printf("全局变量 globalVar 的值:%d\n", globalVar);
}

int main( ) {
    exampleFunction( );
    printf("全局变量 globalVar 的值:%d\n", globalVar);

    globalVar = 30;   //修改全局变量的值
    printf("修改后的全局变量 globalVar 的值:%d\n", globalVar);

    return 0;
}
```

在这个示例程序中，globalVar 是一个全局变量，它在函数外部定义，因此可以在程序的任何地方访问。程序执行时，首先在 exampleFunction( ) 函数中输出全局变量 globalVar 的值，然后在 main( ) 函数中再次打印全局变量的值，接着，修改全局变量的值为 30，并再次输出修改后的值。

图 8.2 为例 8.2 运行结果。

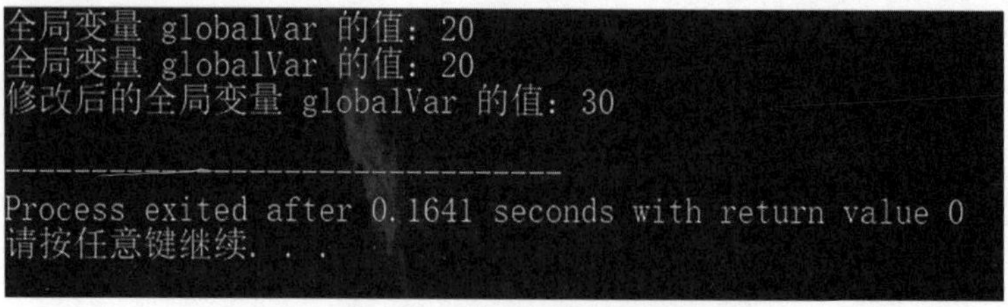

```
全局变量 globalVar 的值: 20
全局变量 globalVar 的值: 20
修改后的全局变量 globalVar 的值: 30
------------------------------------
Process exited after 0.1641 seconds with return value 0
请按任意键继续. . .
```

图 8.2　例 8.2 运行结果

全局变量的主要作用在于增加了函数间数据联系的渠道。由于全局变量可以被其后的所有函数引用,因此如果在一个函数中改变了全局变量的值,就能影响到其他函数。

例 8.3:求一个一维实型数组的平均值、最大值和最小值(见图 8.3)。

```
#define LEN 10
float Max, Min;     / * 全局变量 * /
float average(float a[ ], int n)
{   int i;  float sum=a[0];
    Max=Min=a[0];
    for(i=1;i<n;i++)
    {   if(a[i]>Max)    Max=a[i];
        if(a[i]<Min)    Min=a[i];
        sum+=a[i];     }
    return sum/n;              }
main( )
{   float a[LEN],aver;   int i;
    for(i=0;i<LEN;i++)   scanf("%f",&a[i]);
    aver=average(a,LEN);
    printf("Aver:%f\nMax:%f\nMin:%f",aver,Max,Min);
}
```

上述例子中,函数 average 得到三个结果值,其中平均值通过 return 得到,最大值和最小值则通过全局变量 Max 和 Min 来保存和传递。

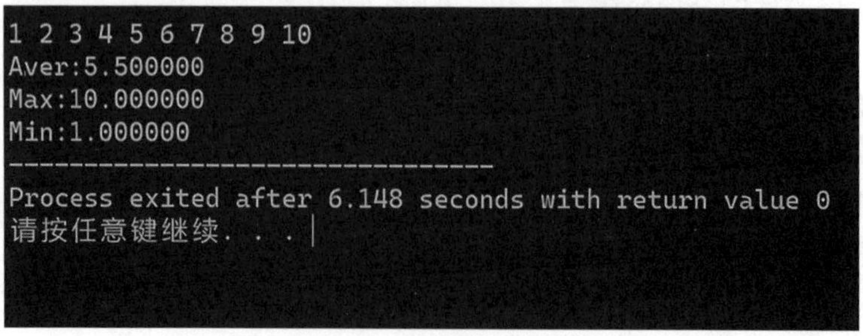

```
1 2 3 4 5 6 7 8 9 10
Aver:5.500000
Max:10.000000
Min:1.000000
------------------------------------
Process exited after 6.148 seconds with return value 0
请按任意键继续. . . |
```

图 8.3　例 8.3 运行结果

3.作用域重叠

在编程中,全局变量和局部变量的作用域可以重叠,即在某些情况下,局部变量的作用域可能与全局变量的作用域发生重叠。在这种情况下,在函数内部定义的局部变量的作用域优先于

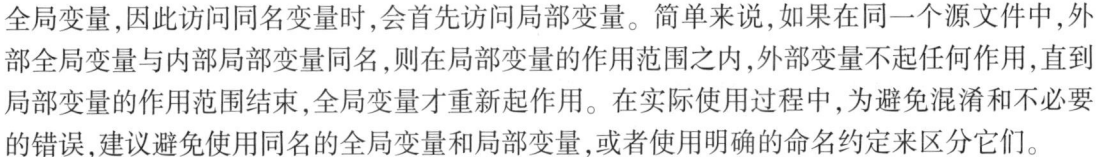

全局变量,因此访问同名变量时,会首先访问局部变量。简单来说,如果在同一个源文件中,外部全局变量与内部局部变量同名,则在局部变量的作用范围之内,外部变量不起任何作用,直到局部变量的作用范围结束,全局变量才重新起作用。在实际使用过程中,为避免混淆和不必要的错误,建议避免使用同名的全局变量和局部变量,或者使用明确的命名约定来区分它们。

例 8.4:

```c
#include <stdio.h>

int a = 3, b = 5; / * 全局变量 a,b */

int max( int a, int b)  / * 局部变量 a,b */
{
    return ( a > b) ? a : b;
}

int main( )
{
    int a = 8; / * a 为局部变量 */
    printf("%d", max(a, b));

    return 0;
}
```

在这个示例程序中,存在全局变量 a 和 b,以及局部变量 a 和 b。在 main( ) 函数内部定义的变量 a 是一个局部变量,其作用域限定在 main( ) 函数内。在 main( ) 函数中,调用了 max (a, b) 函数,并将局部变量 a 和全局变量 b 作为参数传递,传递的实参为 a = 8,b = 5。max( ) 函数返回两个参数中的较大值,max(8, 5) 的结果为 8,因此程序的输出是 8。

图 8.4 为例 8.4 运行结果。

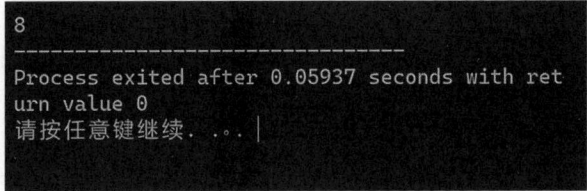

图 8.4 例 8.4 运行结果

8.2　变量的存储类别

1.变量存储区

在计算机内存中,变量可以存储在不同的存储区域。存储区域在内存中有不同的特点和用途。其中,栈和堆主要用于动态分配和释放内存,全局存储区和常量存储区用于存储全局变量和常量数据,寄存器作为 CPU 内部的高速缓存区域,用于优化变量访问速度。在编程中,了解变量存储区域的概念和特点,有助于正确地管理内存、理解变量的生命周期,并优化代码的性能和效率。

以上存储区可以概括为静态存储区和动态存储区两种。

(1)静态存储区:主要用于存放全局变量。

使用:程序在开始执行时,分配存储空间;程序执行完毕时,释放存储空间;在程序执行的全部过程中,占据固定的存储单元。

(2)动态存储区:主要用于存放局部变量、函数形参变量等。

使用:程序每次进入相应的作用域时,分配存储空间;程序出了相应的作用域范围,释放存储空间,存储空间的分配和释放是动态的。

说明:程序中两次调用同一函数,分配给其局部变量的存储空间地址可能是不同的;程序中包含多个函数,每个函数中的局部变量的生存期并不等于整个程序。

2.存储类别

存储类别是用于描述变量生命周期、作用域和存储位置的关键字。在 C 语言中,常见的存储类别包括 auto(自动)型、register(寄存器)型和 static(静态)型。存储类别关键字可以帮助开发人员控制变量的生命周期、作用域和存储位置,以满足特定的需求,并对代码的性能和行为进行优化。

(1)auto(自动)型

auto 是默认的存储类别。在 C 语言中,auto 关键字通常可以省略,因为所有局部变量默认为 auto 型。auto 型变量的生命周期与其所在的代码块相同。

(2)register(寄存器)型

register 关键字用于请求编译器将变量存储在 CPU 的寄存器中,以便提高访问速度。

由于寄存器数量有限,编译器可以选择忽略 register 关键字,将变量存储在内存中。register 型变量的地址无法获取,因为不会在内存中分配存储空间。在现代编译器中,通常不需要显式使用 register 关键字,因为编译器会自动进行寄存器分配优化。

(3)static(静态)型

static 关键字用于修改变量的存储位置和生命周期。在函数内部,使用 static 关键字声明的局部变量将具有静态存储,其生命周期延长到整个程序执行期间,而不是仅限于其所在的代码块。在全局范围内,使用 static 关键字声明的变量将具有内部链接,只能在定义它的源文件中访问,无法被其他源文件访问。

static 关键字还可以用于修改函数的作用域,使函数仅在定义它的源文件中可见,称为静态函数。

3. auto 变量和 static 局部变量的区别

(1)存储位置

auto 变量的存储位置是栈,在每次进入其作用域时被创建,并在离开作用域时被销毁。static 局部变量的存储位置是静态存储区,在程序执行期间一直存在,不会随着作用域的进入和离开而被重复创建和销毁。

(2)生命周期

auto 变量的生命周期与其所在的代码块相同。当代码块执行完毕时,auto 变量会被销毁。static 局部变量的生命周期延长到整个程序执行期间。它在第一次进入其作用域时被初始化,但只会被初始化一次,随后的函数调用不会重新初始化它。

(3)初始值

auto 变量在每次进入作用域时都需要被初始化。如果没有显式提供初始值,那么 auto 变量的值是未定义的。static 局部变量在首次初始化时会被赋予初始值,如果没有显式提供初始值,static 局部变量会被默认初始化为零(对于基本数据类型)或空指针(对于指针类型)。

(4)访问权限

auto 变量只能在其定义的代码块内部访问,超出该代码块的范围后无法访问。static 局部变量可以在其定义的代码块内部访问,但在代码块外部无法直接访问。

4.程序举例

例 8.5:

```c
#include <stdio.h>
void f ( )
{
    auto int a = 5; // Auto 变量
    a++;
    printf("Auto variable:%d\n", a);
}
int main( )
{
    f ( );
    f ( );
    return 0;
}
```

上述示例程序中,函数 f ( ) 中声明了一个 auto 变量 a,初始值为 5。在每次调用 f ( ) 函数时,auto 变量 a 的值都会被自增。由于 auto 变量的作用域仅限于所在的代码块,所以每次调用 f ( ) 函数时,a 都会被重新创建和初始化。

因此,输出结果为:

Auto variable:6

Auto variable: 6

图 8.5 为例 8.5 运行结果。

```
Auto variable: 6
Auto variable: 6

------------------------------------
Process exited after 0.07028 seconds with ret
urn value 0
请按任意键继续. . . |
```

图 8.5 例 8.5 运行结果

例 8.6:

```c
#include <stdio.h>

void f ( )
{
    static int b = 5; // static 局部变量
    b++;
    printf( "Static variable: %d\n", b);
}

int main( )
{
    f ( );
    f ( );
    return 0;
}
```

上述示例程序中,函数 f ( ) 中声明了一个 static 局部变量 b,初始值为 5。在每次调用 f ( ) 函数时,static 局部变量 b 的值都会自增。由于 static 局部变量的生命周期跨越函数调用,所以每次调用 f ( ) 函数时,b 的值都会保持上一次调用结束时的值。

因此,输出程序输出结果为:

Static variable: 6

Static variable: 7

图 8.6 为例 8.6 运行结果。

```
Static variable: 6
Static variable: 7

------------------------------------
Process exited after 0.09959 seconds with ret
urn value 0
请按任意键继续. . . |
```

图 8.6 例 8.6 运行结果

例 8.7：

```c
#include <stdio.h>

f( int a)
{
    auto b = 0;
    int static c = 3;
    b = b + 1;
    c = c + 1;
    return (a + b + c);
}

int main( )
{
    int b = 2, j;
    for (j = 0; j < 3; j++)
        printf("%d", f(b));
}
```

在上述例子中，函数 f( ) 的 b 是一个自动变量，初始值为 0，在每次函数调用时都会被创建，并且在函数返回时被销毁。c 是一个静态局部变量，初始值为 3，在第一次函数调用时被创建，并且在后续的函数调用中保持其值。在 main( ) 函数中，使用 for 循环执行三次 printf("%d"，f(b))；依次输出函数 f( ) 的返回值。每次调用时，b 的值都会被初始化为 0，而静态局部变量 c 的值将保持在 3 的基础上递增。因此，循环中输出的值将是 7、8 和 9。

图 8.7 为例 8.7 运行结果。

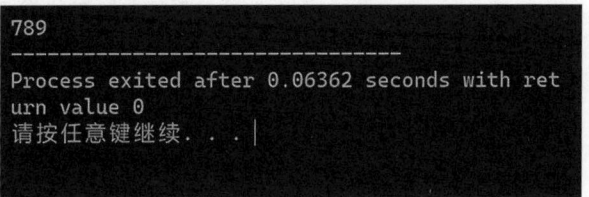

图 8.7　例 8.7 运行结果

1.编写一个程序，在循环中使用 static 局部变量来计算并打印斐波那契数列的前 n 项。

第 *9* 章
预处理命令

引言

预处理命令中的"预"是指在编译前所做的准备工作,即在编译过程中由预处理器执行的特殊指令,用于在源代码文件被编译之前对其进行处理。预处理器是编译器的一部分,主要负责对源代码进行预处理,将预处理命令所指定的操作应用于源代码,生成经过处理的代码,然后再由编译器对处理后的代码进行编译。

严格地说,预处理命令不是 C 语言本身的一部分,而是预处理器的指令。在实际编程过程中,预处理命令以 # 字符开头,通常位于源代码文件的顶部,作为源代码的一部分,不需要以分号结尾。预处理命令可以提高源代码的灵活性和可配置性,使程序在不同的编译条件下产生不同的行为。在编译过程中,预处理器会根据这些指令对源代码进行处理,生成编译器实际编译的代码。

本章介绍 C 语言中的宏、文件包含、条件编译等 3 种常见的预处理命令。

9.1 宏

9.1.1 简单宏

1.宏定义

宏是一种预处理器指令,将源代码中的标识符替换为指定的文本。宏定义的形式通常是将一个标识符与一个表达式或文本关联起来。在源代码中,每次出现宏标识符时,预处理器会将其替换为宏定义中指定的文本,从而在编译时起到字符串替换的作用。用一个简单、容易理解的名字来标识另一个复杂、不容易理解且在程序中多次出现的部分,可以增加程序的简洁性、易读性。

2.宏定义规则及说明

简单替换宏指令格式:#define　宏名　字符串

例如

#define　NUM　100

定义宏名 NUM 代表100,以后程序中所有 NUM 在编译前都替换为100。

Person student[NUM];　//定义长度是100的 Person 型数组

for (i=0;i<NUM;i++)//循环100次

当程序使用场合要求改变数组大小,自然也要改变对该数组的循环次数为200时,只在定义处改为:

#define　NUM　200

宏的本质是在编译前在程序中将宏名替换成它所代表的字符串。宏名是程序员看到的,而程序实际参加编译和运行的是宏名代表的字符串。宏定义可以出现在程序的任何部分,其有效范围是从定义位置开始,到#undef 宏名处。

3. 程序举例

例9.1:练习宏的定义、使用、有效范围和解除。

```
#include <stdio.h>
#define A　1
void main()
{//main 函数模块开始
#define B　2
printf("\n A　%d",A);
printf("\n B　%d",B);
printf("\n C　%d",C);//error:'C': undeclared identifier
{　//内嵌模块开始
#define C　4
printf("\n A　%d",A);
printf("\n B　%d",B);
printf("\n C　%d",C);
#undef　B
printf("\n A　%d",A);
printf("\n B　%d",B);//error:'B': undeclared identifier
printf("\n C　%d",C);
}　//内嵌模块结束
printf("\n A　%d",A);
printf("\n B　%d",B);//error:'B': undeclared identifier
printf("\n C　%d",C);
}//main 函数模块结束
```

上面的示例程序中,首先,注意程序的格式,#define C　4 和#undef　B 没有因为出现在内嵌模块内而缩进,标示着有效范围不限定在该内嵌模块内;语句 printf(" \n C %d", C); //error:'C': undeclared identifier 错误是因为#define C 4 出现在后面;另两个出错语句是因为#undef B 出现在前面,使宏 B 失效;通过其他语句的正确执行,可以理解宏的有效范围是从定义处开始,只要不明确语句取消,则一直有效,且不受模块范围的限制。注意 printf 函数中双引号中的 A、B、C 不解释为宏名,所以不替换。

4.宏的级联定义

例 9.2:宏的级联定义和使用(见图 9.1)。

```
#include <stdio.h>
#define LONG    5
#define   AREA printf(" \n AREA    %d", LONG * LONG);//宏定义包含已定义宏
void main( )
{
printf(" \n LONG   %d", LONG);
AREA
}
```

```
LONG  5
AREA  25
------------------------------------------
Process exited after 0.1426 seconds with return value 0
请按任意键继续. . . ▪
```

图 9.1   例 9.2 的运行结果

上面的示例中第二个宏定义是将一整个语句 printf(" \n AREA %d", LONG * LONG);定义为 AREA。main 函数内的 AREA 被替换成整个语句。注意 AREA 不要写成 AREA;,在 AREA 宏内使用了前面定义的宏 LONG。

9.1.2   宏函数

1.宏函数定义

除了简单宏之外,宏还包括宏函数。宏函数是使用宏定义来创建的一种函数形式,可以用于执行简单的代码块或表达式,并且通常比普通函数更高效,因为它们避免了函数调用的开销。

宏函数的核心执行过程同简单宏,即替换。需要注意的是,宏函数替换时有宏参数,从这一点上说,宏函数比简单宏复杂。

2.宏函数的一般形式

宏函数定义的一般形式为:

#define 宏名(参数表) 字符串

3.程序举例

例 9.3:宏函数的定义和替换过程(见图 9.2)。

```
#include <stdio.h>
```

```
#define PI 3.1415
#define   CIRCLE(R)   2 * PI * R //定义参数宏 CIRCLE,参数为 R,宏体为 2 * PI * R
int main( )
{
int a = 5;
float circle = CIRCLE(a); //调用参数宏
printf(" \n %6.3f\n", circle);
}
```

```
31.415

------------------------------
Process exited after 0.1451 seconds with return value 0
请按任意键继续. . . _
```

图 9.2　例 9.3 的运行结果

上例中定义了带参数 R 的宏 CIRCLE,宏体(宏的实现部分)是 2 * PI * R。main 函数内宏的替换过程如下:语句 float circle = CIRCLE(a);中将宏名 CIRCLE 替换为宏体,得到 float circle = 2 * 23.14 * R;。宏的形式参数是 R,宏的实际参数是 a,将形式参数替换成实际参数,得到 float circle = 2 * 23.14 * a;

例 9.4:实际参数为表达式时,宏函数的替换过程(见图 9.3)。

```
#include <stdio.h>
#define PI 3.1415
#define   CIRCLE(R)   2 * PI * R
int main( )
{
int a = 5;
float circle = CIRCLE(a+1); //宏函数的实际参数是表达式
printf(" \n %6.3f\n", circle);
}
```

```
32.415

------------------------------
Process exited after 0.1441 seconds with return value 0
请按任意键继续. . . _
```

图 9.3　例 9.4 的运行结果

上面程序中宏的替换过程如下:

语句 float circle = CIRCLE(a);中将宏名 CIRCLE 替换为宏体,得到 float circle = 2 * 23.14 * R;。和前面的例子相同。宏的形式参数是 R,宏的实际参数是 a+1,将形式参数替换成实际参数,得到 float circle = 2 * 23.14 * a+1;

从宏的替换过程出现在编译之前,不具备语法检测能力,仅是简单替换。为了避免这种错误,宏体中的形式参数通常用括号括起。写成#define CIRCLE(R) 2 * PI * (R)。这样的话,替换后的结果是 float circle = 2 * 23.14 * (a+1);才是程序设计的本意。同时应注意宏不具有语法检测的能力,因此宏的使用不够安全,也正是不进行语法检测,使宏的使用比较灵活,可以随意组合。下面的程序用一个宏起到两个函数的作用。

例 9.5:宏的灵活使用(见图 9.4)。

```
#include <stdio.h>

#define PI 3.14159
#define SQUARE(x) ((x) * (x))
#define MAX(a, b) ((a) > (b) ? (a) : (b))

int main() {
    int radius = 5;
    int side = 10;
    int num1 = 20, num2 = 30;

    double area = PI * SQUARE(radius);
    int maxNum = MAX(num1, num2);
    int squareArea = SQUARE(side);

    printf("Area of the circle: %.2f\n", area);
    printf("Max number: %d\n", maxNum);
    printf("Area of the square: %d\n", squareArea);

    return 0;
}
```

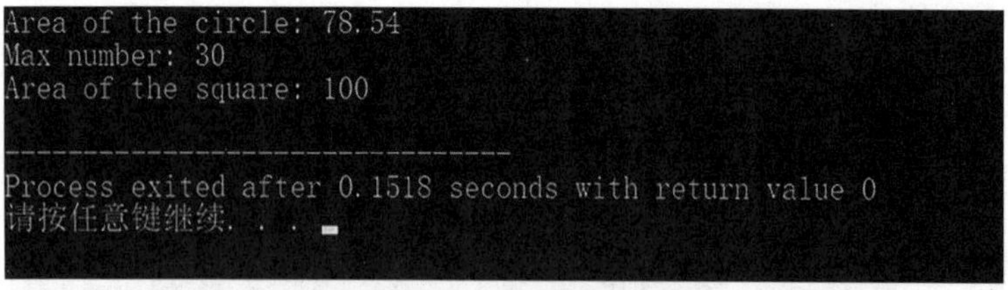

```
Area of the circle: 78.54
Max number: 30
Area of the square: 100
--------------------------------
Process exited after 0.1518 seconds with return value 0
请按任意键继续. . .
```

图 9.4　例 9.5 的运行结果

在这个示例中,定义了 3 个宏:

(1)定义了常量宏 PI,用于表示圆周率。

(2)定义了函数宏 SQUARE(x),用于计算一个数的平方。

(3)定义了函数宏 MAX(a, b),用于返回两个数中的较大值。

在 main 函数中,使用了这些宏进行计算和输出结果。通过宏替换,PI 会被替换为 3.14159,SQUARE(radius) 会被替换为 (radius * radius),MAX(num1, num2) 会被替换为 ((num1) > (num2) ? (num1) : (num2))。

4.宏函数与函数的区别

(1)宏函数在预处理阶段进行文本替换,而普通函数是在编译阶段进行编译和链接。即宏是替换过程,而函数是调用过程。一个函数被调用多次时,函数体只有一个,是通过函数指针多次指向的过程。参数宏(宏函数)替换是在程序运行之前,多次调用宏函数,就替换多次,程序代码长度会增加,消耗代码内存空间,但运行程序时,不需要地址变换。过多的宏,展开后源程序会变长,而函数调用不会使源程序变长。(宏是静态的嵌入,函数是动态的调用。)

(2)宏函数是替换过程,所以宏函数的参数不需要类型限定。宏函数使用文本替换,直接将参数的值替换到宏函数内部,而普通函数通过参数传递机制将参数的值传递给函数。

(3)宏替换不占用运行时间,只占用编译时间。而函数调用占用较多的运行时间(分配单元、保留现场——调用点的地址、值传递、返回)。宏函数通过文本替换展开,因此可以在编译时进行优化,避免了函数调用的开销。普通函数会产生额外的函数调用开销,并且会在可执行文件中占用一定的空间。

(4)宏函数和普通函数都有各自的优势和适用场景。宏函数适合用于简单的表达式求值和代码块替换,以提高效率和减少函数调用的开销。普通函数则更适合于复杂的控制流程,需要局部变量或需要模块化和可维护性较好的代码。

9.2　文件包含

1.文件包含命令

在 C 语言中,包含命令是使用#include 指令将其他文件的内容包含到当前文件中。这样可以让程序在编译时将被包含文件的内容插入当前文件中,以便在编译和链接时一起处理。如果在#include 指令中使用了错误的文件名(无法找到对应的文件),编译器将发出错误消息并报告无法找到该文件。在通常情况下,编译器会在编译过程中查找指定的文件。如果找到了文件,则将其包含到当前文件中。如果找不到文件,则会发出错误消息,指示找不到该文件。

文件包含命令的语法格式:

#include <header_file>

说明:

在#include 指令中,可以使用尖括号<>或双引号""来包围要包含的文件名。其中,尖括号<>用于包含标准库头文件,这些头文件通常位于系统的标准库目录中,编译器将在标准库目录中查找该头文件。双引号""用于包含用户自定义的头文件,这些头文件通常位于当前工作目录或指定的搜索路径中,编译器将按照指定的搜索顺序在这些路径中查找头文件。

例 9.6:#include <stdio.h>,是预编译的文件包含指令。文件包含的本质是将文件 stdio.h 的文件体(内容)嵌入#include <stdio.h>所在位置(见图 9.5)。

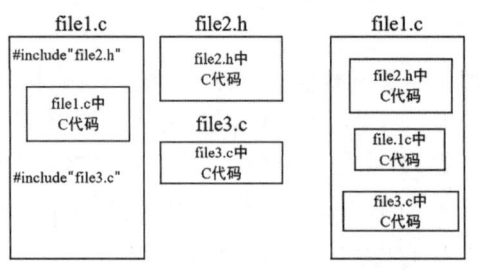

图 9.5　文件包含的作用

2. 头文件

在 C 语言中,通常使用 .h 扩展名来表示头文件。头文件是一种特殊的文件,用于在编程中包含函数、变量、常量、宏定义等的声明和定义。以下是一些常见的 C 语言标准库头文件和其功能简介:<stdio.h>:提供输入输出函数(如 printf、scanf)和文件操作函数(如 fopen、fclose)。<stdlib.h>:提供内存管理函数(如 malloc、free)和其他实用函数(如 atoi、rand)。<string.h>:提供字符串处理函数(如 strlen、strcpy、strcat)。<math.h>:提供数学函数(如 sqrt、sin、cos)。<time.h>:提供日期和时间处理函数(如 time、ctime、strftime)。<ctype.h>:提供字符分类和转换函数(如 isalpha、isdigit、toupper)。<stdbool.h>:提供布尔类型的定义和相关宏(如 bool、true、false)。

头文件的作用有以下几个方面:

(1)提供函数和变量的声明

头文件中可以包含函数和变量的声明,使得在源代码中可以使用这些函数和变量。声明告诉编译器函数或变量的名称、类型和参数等信息,使得编译器能够正确解析和使用它们。

(2)定义常量和宏

头文件可以包含常量和宏的定义,如预定义的常量、宏函数、条件编译等。这些定义可以在源代码中使用,提供了一种方便的方式来定义和使用常量和宏。

(3)模块化和代码重用

头文件可以将相关的函数、变量、常量等声明和定义组织在一起,形成一个模块或库。这样可以提高代码的模块化程度,使得代码更易于理解、维护和重用。

9.3　条件编译

顾名思义,条件编译是一种在源代码中根据条件选择性地进行编译的命令,允许根据预定义的条件在编译时控制代码的执行和功能的启用。条件编译可以用于根据不同的平台、编译选项或配置选择性地包含或排除代码,以实现平台特定的功能、调试输出或性能优化等,在处理跨平台开发、调试和配置管理等方面非常有用。

在 C 语言中,条件编译使用预处理指令#ifdef、#ifndef、#if、#elif、#else 和#endif 来实现,用于根据宏定义的条件来控制编译过程中的代码的可见性。

1. #ifdef

#ifdef 用于检查宏是否已经定义。条件编译指令#ifdef 的一般形式:

```
#ifdef 标识符
程序段 1
#else
程序段 2
#endif
```

上述预处理命令判断此前是否用#define 定义过了"标识符",如果已定义,编译程序段 1,即最后的可执行代码中只有程序段 1;否则编译程序段 2,即最后的可执行代码中只有程序段 2。

例如:

```
#ifdef MACRO_NAME
    //如果 MACRO_NAME 宏已定义,则执行此处的代码
#endif


#ifndef MACRO_NAME
    //如果 MACRO_NAME 宏未定义,则执行此处的代码
#endif
```

2.#ifndef

#ifndef 用于检查宏是否未定义。条件编译指令#ifndef 的一般形式:

```
#ifndef 标识符
程序段 1
#else
程序段 2
#endif
```

上述预处理命令判断此前是否用#define 定义过了"标识符",如果没有定义,编译程序段 1,即最后的可执行代码中只有程序段 1;否则编译程序段 2,即最后的可执行代码中只有程序段 2。

上述两种条件编译经常用作协调文件包含,避免在文件包含的嵌套中,多次包含同一个文件,无意义地增加代码长度,或者在文件的相互包含中,造成某种类型的重复定义。

3.#if…#else…#endif

用于根据条件表达式的结果选择性地包含代码块。条件编译指令#if…#else…#endif 的一般形式是:

```
#if 表达式
程序段 1
#else
程序段 2
#endif
```

这种形式的作用是:当表达式的值为真,编译程序段 1,否则编译程序段 2。

下面条件编译代码的目的是根据软件的使用环境不同而包含不同版本的头文件,使软件可以灵活移植。

```
#if ID = = NUM1
#define INCLUDE "head1.h"
#elif ID = = NUM2
#define INCLUDE "head2.h"
#else
#define INCLUDE "head3.h"
#endif
#include INCLUDE
```

当程序运行在不同的环境下,只要在最前面增加宏定义命令#define ID NUM1(或 NUM2,NUM3),程序的其他部分就不用做任何修改。

例 9.7:

```
#include <stdio.h>

#define NUMBER_OF_CREW 10

int main( ) {
#if NUMBER_OF_CREW > 0
    printf("船上有船员。\n");
#elif NUMBER_OF_CREW = = 0
    printf("船上没有船员。\n");
#else
    printf("船员数量未知。\n");
#endif

    return 0;
}
```

上述示例定义了一个宏 NUMBER_OF_CREW,表示船上的船员数量,并使用条件编译指令进行处理。如果船员数量大于 0(NUMBER_OF_CREW > 0),则#if NUMBER_OF_CREW > 0 指令将为真,执行输出船上有船员的代码块。如果船员数量等于 0(NUMBER_OF_CREW = = 0),则#elif NUMBER_OF_CREW = = 0 指令将为真,执行输出船上没有船员的代码块。如果船员数量不满足上述两个条件,则执行#else 指令后的代码块,输出船员数量未知。

图 9.6 为例 9.7 的输出结果。

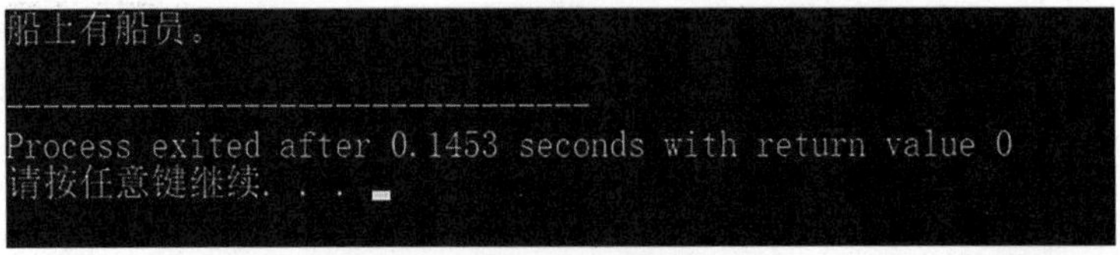

图 9.6　例 9.7 的输出结果

一、判断题

1.条件编译指令只能在运行时执行。

2.#ifdef 和 #ifndef 是用来定义宏的预处理器指令。

3.预处理器指令可以用于控制编译过程中包含或排除特定的代码块。

4.条件编译指令 #if 可以使用比较运算符(如 <、> 和 ==)进行条件判断。

5.条件编译指令 #elif 可以在多个条件之间选择一个条件执行代码块。

第 *10* 章

文件

　　文件是计算机系统中用于存储和组织数据的一种重要方式,它是由一系列相关信息或数据记录组成的命名集合。在计算机中,文件被用于持久地存储数据,以便在需要时进行访问和处理。每个文件都有一个唯一的名称,用于在文件系统中标识和访问它。

　　在程序中定义的各种类型变量都是暂时存储在计算机的内存中的,当程序执行完毕或计算机断电,数据就不存在了,而通过文件操作可以读取和写入文件中的数据。

　　本章介绍如何使用 C 语言创建文件以及文件的各种读写方式。

10.1　文件概述

　　作为计算机系统中的一种数据存储和组织方式,文件提供了一种有效的方式来管理和利用各种类型的数据,并支持了现代计算机系统的许多功能和应用。本质上说,计算机语言程序不能真正操作文件,只有操作系统可以操作文件。C 语言程序对文件的操作是通过操作系统完成的。正是由于这样,C 语言需要有和操作系统通信的手段和渠道。操作系统在处理文件时通常会涉及缓冲区的概念。缓冲区是指操作系统为文件读取和写入操作提供的临时存储区域。它可以提高文件读写的效率,并减少与物理设备的频繁交互。在文件读取过程中,当应用程序请求读取文件的数据时,操作系统会将一定数量的数据从磁盘加载到内存中的缓冲区。应用程序可以从缓冲区中读取数据,而不需要直接与磁盘进行交互。这样可以减少磁盘访问的次数,提高读取效率。类似地,在文件写入过程中,应用程序将数据写入到缓冲区中。操作系统会将缓冲区中的数据暂时存储起来,而不是立即写入磁盘。然后,操作系统会在合适的时机将缓冲区中的数据批量写入磁盘上的文件。这种延迟写入的方式可以提高写入效率,避免频繁的磁盘写入操作。缓冲区的使用可以隐藏文件系统的访问延迟,使得文件的读取和写入操作在应用程序看来更加高效和快速。

　　C 语言实现文件操作和操作系统交互的手段是指向文件的指针,数据交换的渠道是输入和输出流。程序不会一次处理读入的这一整个部分,而是一次处理这读入数据块中的一个或几个字节。所以,在程序看来,文件是像水流一样不断流入的以字节为单位的数据流。当整个数据块都处理完毕后,操作系统会将缓冲区写回磁盘,更新磁盘文件,然后读入下一等待处理的数据块。程序不断产生数据写入磁盘是类似的过程。程序以字节为单位产生数据的存于缓冲区中。当缓冲区满了之后,操作系统会将数据写入磁盘,然后清空缓冲区用于程序继续不断产生数据。

　　对文件的操作需要了解文件的各方面信息,如文件的内存位置、缓冲区大小、缓冲区是满还是空、当前处理到哪个字节、缓冲区中数据是被读过还是被修改过等信息。在 C 语言中,文件类型指针(FILE ∗)是一种特殊的指针类型,用于处理文件操作。文件类型指针指向由操作系统维护的文件数据结构,指向由操作系统维护的文件数据结构,通过该指针可以访问和操作文件,提供了对文件进行灵活控制的能力,是文件操作的重要基础。文件类型定义在 stdio.h 文件中,且用 typedef 定义为 FILE 类型。

　　文件类型指针声明的基本语法为:

FILE ∗ fp;

　　上述语法声明了一个名为 fp 的文件类型指针变量。之后在程序中,可以通过指针变量 fp 访问它所指向的记录文件信息的结构体,从而实现对文件的操作。

10.2　文件的打开和关闭

10.2.1　文件的物理形式

　　文件的物理形式是指文件在存储介质上的实际表示方式。不同的存储介质和文件系统可能会采用不同的物理形式来组织和存储文件数据。C 程序处理的文件是以字节为单位的数据流,字节内用 8 个二进制位表示数据。具体方式有两种,一种是文本文件,另一种是二进制文件。文本文件是以文本形式存储数据的文件,通常由字符组成,使用字符的 ASCII 码表示,每个字符占据固定的 1 个字节。二进制文件中的数据以字节流的形式存储,可以包含任意类型的数据,例如整数、浮点数、结构体等。二进制文件不使用特定的字符编码,而是直接将数据的二进制表示存储在文件中。例如,正数 128 的二进制表示为 10000000。在 VC++环境中,整数用 4 个字节表示,存入二进制文件也是 4 个字节。当存为文本文件时,计算机将 128 存储成 3 个字符,在 VC++环境中每个字符用 1 个字节表示,总共需要用 3 个字节表示。两种存储格式的不同如图 10.1 所示。

　　文本文件以文本形式存储数据,数据以字符编码表示,并可直接被文本编辑器和程序读取和编辑。而二进制文件以二进制形式存储数据,可以包含任意类型的数据,但其内容不是以可读的形式呈现,需要特定的程序进行解析和处理。

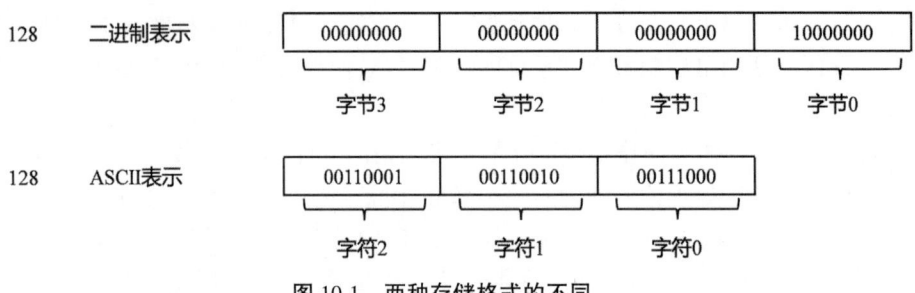

图 10.1 两种存储格式的不同

10.2.2 文件的打开

文件打开是指在计算机程序中通过特定的操作系统调用或库函数,将外部的文件资源加载到程序中以供读取或写入数据。打开文件是进行文件操作的第一步,它建立了程序和文件之间的连接,使得程序可以对文件进行读取和写入操作。在打开文件之前,程序需要提供文件的路径和名称,以指定要打开的文件。文件路径可以是相对路径(相对于当前工作目录)或绝对路径(完整的文件路径)。文件的名称是文件的标识符,用于在文件系统中唯一确定文件。

C 语言利用库函数实现对文件的打开操作。文件打开通常需要指定打开模式,以决定对文件的读写权限和行为。在 C 语言中,可以使用标准库函数 fopen 来打开文件。fopen 函数提供了一种通用的方式来打开不同类型的文件,并返回一个指向 FILE 类型结构体的指针,用于后续的文件读写操作。

文件打开的语法格式如下:

FILE * fp;

fp = fopen(文件名字符串,文件打开方式字符串);

函数 fopen()正确执行时返回地址,执行错误时返回空指针 NULL(NULL 在 stdio.h 中被定义为 0)。

文件在 C 语言中的打开方式如表 10.1 所示:

表 10.1 文件在 C 语言中的打开方式

打开方式	含义
"r"	以从文件中读的方式打开文本文件
"w"	以向文件中写的方式打开(新建)文本文件
"a"	以向文件尾追加数据的写方式打开文本文件
"rb"	以从文件中读的方式打开二进制文件
"wb"	以向文件中写的方式打开(新建)二进制文件
"ab"	以向文件尾追加数据的写方式打开二进制文件
"r+"	以既可从文件中读又可向文件中写的方式打开已经存在的文本文件
"w+"	以既可从文件中读又可向文件中写的方式打开(新建)文本文件
"a+"	以既可从文件中读又可向文件中追加数据的写方式打开已经存在的文本文件
"rb+"	以既可从文件中读又可向文件中写的方式打开已经存在的二进制文件
"wb+"	以既可从文件中读又可向文件中写的方式打开(新建)二进制文件
"ab+"	以既可从文件中读又可向文件中追加数据的写方式打开已经存在的二进制文件

说明：

（1）"追加"是指打开文件时，自动定位于文件的尾部，写的数据接在原来数据的后面。

（2）含有"w"的文件打开方式，都是新建文件，如果磁盘当前目录有和新建文件名相同的文件，原文件被新建文件覆盖。

（3）含有"r"的文件打开方式，"文件名字符串"标识的文件一定存在于当前目录下，否则会出错。

（4）含有"a"的文件打开方式，"文件名字符串"标识的文件如果存在，就在原文件上追加；如果不存在，则创建新文件。

（5）当磁盘满或出现其他故障，会导致文件打开出错。

（6）在程序开始运行时，系统自动打开 3 个标准文件：标准输入文件、标准输出文件、标准出错输出文件。通常这 3 个文件都与终端联系。因此以前我们所用到的从终端输入或输出，都不需要打开终端文件。系统自动定义了 3 个文件指针 stdin、stdout 和 stderr，分别指向终端输入（键盘）、终端输出（显示器）和标准出错输出（通常也是显示器）。

10.2.3　文件的关闭

文件关闭是指在计算机程序中显式地终止对文件的访问，并释放与文件相关的资源。关闭文件是进行文件操作的最后一步，它断开了程序与文件之间的连接，确保文件资源能够被正确释放。文件的关闭意味着缓冲区的清除和磁盘文件的更新，当然文件指针不再指向记录文件信息的结构体信息，该结构体所占内存释放。

在 C 语言中，可以使用标准库函数 fclose 来关闭文件，语法格式如下：

fclose（文件指针变量）;

如 fclose（fp）;

fclose 函数接受一个指向 FILE 类型结构体的指针作为参数，表示要关闭的文件。函数返回一个整数值，表示关闭操作的结果。如果文件成功关闭，fclose 函数返回 0；如果文件关闭失败，它返回 EOF（通常为-1）。关闭文件时，fclose 函数会执行一些清理操作，例如将输出缓冲区中的数据刷新到文件、释放文件资源等。因此，在关闭文件之前，应该确保文件操作已经完成，所有对文件的读写操作都已经执行。需要注意的是，已经关闭的文件不能再进行读取或写入操作，否则会导致未定义的行为。

例 10.1：如何使用 fopen 函数打开文件（见图 10.2）。

```
#include <stdio.h>
int main( ) {
    FILE * filePtr = fopen("example.txt", "r");
    if (filePtr ! = NULL) {
        //文件打开成功，可以进行读写操作

        // ...

        fclose(filePtr); //关闭文件
```

```
    } else {
        //文件打开失败,处理错误
        printf("无法打开文件\n");
    }
    return 0;
}
```

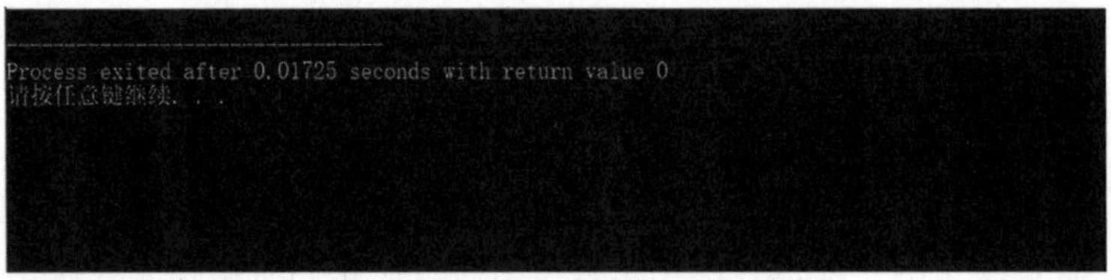

```
Process exited after 0.01725 seconds with return value 0
请按任意键继续. . .
```

图 10.2 例 10.1 的运行结果

上述示例使用 fopen 函数以只读模式打开名为"example.txt"的文件,并将返回的文件指针赋值给 filePtr。然后,可以在文件打开成功的条件下进行读写操作。最后,使用 fclose 函数关闭文件。在使用 fopen 打开文件后,应该检查返回的文件指针是否为 NULL,以确保文件是否成功打开。若文件打开失败,可能是文件不存在、权限不足或文件路径错误等原因,需要相应地处理错误情况。

10.3 文件的顺序读写

文件的顺序读写是指按照文件中数据的存储顺序,从文件的起始位置开始逐个读取或写入数据的操作。顺序读写是文件操作中常见的一种模式,适用于按照数据在文件中的顺序进行处理的场景。

在 C 语言中,可以使用标准库函数来进行文件的顺序读写操作。下面分别介绍顺序写入字符和顺序读入字符的方法。

10.3.1 顺序写入字符

1.基本语法

顺序写方法可以使用 putc( )或 fputc 函数实现,该函数的主要功能是逐字符写入文件内容。fputc 函数将字符写入到文件中,并将其位置指示器向后移动一个位置,函数返回一个整数值,表示写入操作的结果。如果写入成功,返回写入的字符;如果写入失败,返回 EOF(通常为−1)。

2.程序举例

例 10.2:创建一个文件,然后向文件中顺序写入字符(见图 10.3)。

```
#include" stdio.h"
#include" stdlib.h"/ * exit( )的函数声明 * /
```

```
int main( )
{ FILE  ∗ fp;                    //定义文件指针变量
    char ch, filename[ 10];
    printf(" \n 请输入要创建的文件名( ∗.dat)：\n");
    scanf("%s", filename);
    if ((fp=fopen(filename, "w"))= =NULL) {/ ∗以写方式在当前目录打开(新建)文
件 ∗/
    printf("cannot open file\n");
    exit(0);      //如果文件无法打开,关闭已经打开的其他文件,结束程序。
      }
    getchar( );  //"吃掉"上面结束 scanf 的回车,避免"回车"被后面的 getchar( )接收。
    printf(" \n 请输入文件内容,#结束:\n");
    ch=getchar( );
    while(ch! ='#') {          //判断是否输入了"#"
    fputc(putc(ch, fp),stdout);    //将写到磁盘文件中的字符,
//写到标准输出文件(显示器)
        ch=getchar( );
    }
    fclose(fp);  //关闭文件
}
```

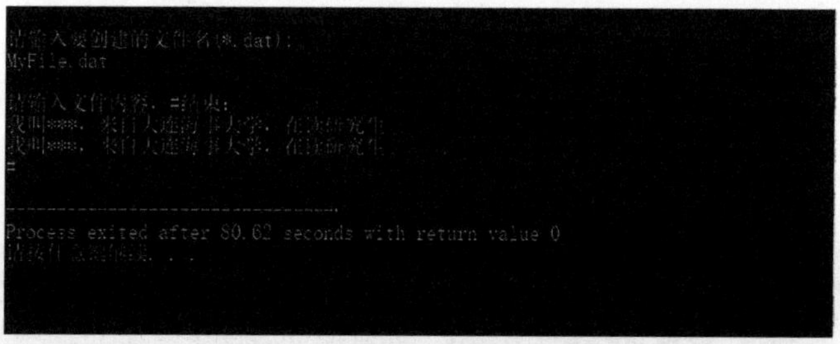

图 10.3　例 10.2 的运行结果

上述示例在程序执行后,输入文件名为 MyFile.dat,并输入若干字符后,最后以"#"结束。注意语句 fputc(putc(ch, fp),stdout);使用了标准输出文件指针变量 stdout,同时使用了 fputc( )和 putc( )函数。

10.3.2　顺序读入字符

1.基本语法

顺序读方法可以使用 getc( )或 fgetc 函数实现,该函数的主要功能是逐字符读入文件内容。fgetc 函数从文件中读取一个字符,并将文件指针向后移动一个位置,函数返回一个整数值,表示读取操作的结果。如果读取成功,函数返回读取的字符;如果读取到文件末尾(End-of-File,EOF),函数返回 EOF(通常为-1)。

下面的程序读上面例 10.2 创建的文件 MyFile.dat,将文件内容输出到显示器。

2.程序举例

例 10.3:读已经存在的文本文件,将文件内容输出到显示器(见图 10.4)。

```c
#include" stdio.h"
#include" stdlib.h"/ * exit( )的函数声明 */
int main( )
{ FILE  * fp;                //定义文件指针变量
    char ch, filename[10];
    printf(" \n 请输入要打开的文件名( * .dat): \n" );
    scanf(" %s", filename);
    if ((fp=fopen(filename, "r"))= =NULL) { / * 以读方式打开文件 */
    printf(" cannot open file\n" );
    exit(0);       //如果文件无法打开,关闭已经打开的其他文件,结束程序。
       }
    getchar( );    //"吃掉"上面结束 scanf 的回车
    printf(" \n 下面输出的是文件内容:\n" );
    ch=getc(fp);                //从文件中读一个字符
    while( ! feof(fp)) {
    //putc(ch,stdout);//将写到磁盘文件中的字符,写到标准输出文件(显示器)
    putchar(ch);
    ch=fgetc(fp);    //从文件中读字符
    }
    fclose(fp);    //关闭文件
}
```

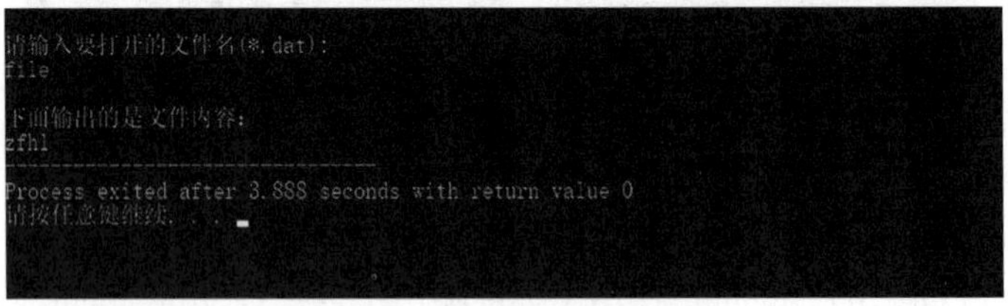

图 10.4　例 10.3 的运行结果

上面程序中分别使用 fgetc( )和 getc( ) 函数从文件中读字符,使用 putchar( )函数将字符显示到屏幕上。feof( )函数可以通过指向文件的指针变量判断是否到达文件尾。

例10.4:融合例 10.2 和例 10.3,编写一个实现文件拷贝的 C 程序。文件拷贝就是读一个已经存在的文件,然后写入另一个新创建文件,而不是写到标准输出文件(见图 10.5)。

```c
#include" stdio.h"
#include" stdlib.h"
int main( )
{FILE  * source,  * object;        //定义读文件和写文件指针变量
```

```
char ch, sourcefile[10], objectfile[10];
printf("\n 请输入拷贝的源文件名:\n");
scanf("%s", sourcefile);
printf("请输入拷贝的目标文件名:\n");
scanf("%s", objectfile);
if ((source=fopen(sourcefile, "r"))==NULL)
    {printf("cannot open sourcefile\n");
     exit(0);
    }
if ((object=fopen(objectfile, "w"))==NULL)
    {printf("cannot open objectfile\n");
     exit(0);
    }
while (! feof(source))
putc(getc(source), object);  //从源文件中读,写到目标文件中
fclose(source);   //关闭两个文件
fclose(object);
}
```

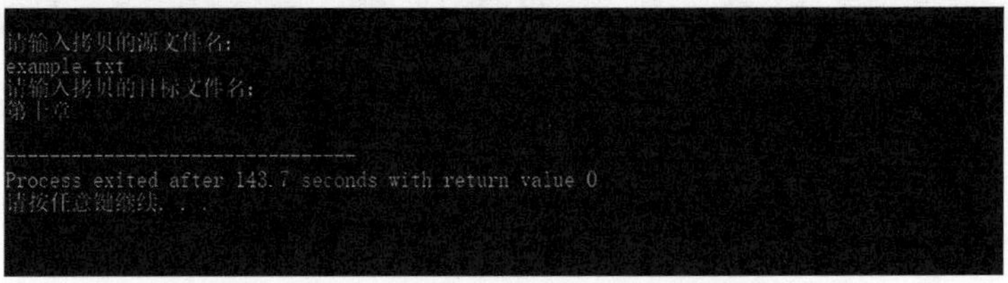

图 10.5　例 10.4 文件拷贝的运行结果

例 10.5:使用 main() 函数的参数,可以使文件复制程序以命令形式运行,即在操作系统提示符下,输入:命令名　源文件名　目标文件名,然后回车。

创建工程 MyCopy,新建源文件 MyCopy.cpp,代码如下:

```
#include"stdio.h"
#include"stdlib.h"
int main(int argc, char * argv[]){
FILE * source, * object;
if (argc! =3) {
printf("\n 命令参数个数错误! \n");
exit(0);
}
if ((source=fopen (argv[1], "r"))==NULL) {
printf(" cannot open sourcefile\n");
exit(0);
}
```

```
if ( ( object = fopen( argv[2], "w" )) = = NULL) {
    printf( "cannot open objectfile\n" );
    exit(0);
}
while ( ! feof( source ) )
    fputc( fgetc( source ), object );
fclose( source );
fclose( object );
}
```

上面程序能在编译环境直接运行,需要通过"开始\程序\附件\命令提示符"运行控制台。用 cd(change directory)命令来到该 Debug 目录,将要复制的文件也事先拷贝到该目录。然后在 ">"提示符下,输入"MyCopy 待复制源文件名 复制的目标文件名",回车。查看当前目录下是否有了目标文件,文件内容是否是待复制的源文件内容。

图 10.6 为例 10.5 使用命令行复制文件的运行结果。

图 10.6 例 10.5 使用命令行复制文件的运行结果

10.3.3 顺序多个数据读写

1.基本语法

fread( )和 fwrite( )是 C 语言标准库中的函数,可以用于以字节为单位读写数据,适用于处理二进制文件或二进制数据的场景。一般来说,函数 fread( )和 fwrite( )用来对文件做顺序多个数据读写,多个数据可以是 n 个字符、n 个整数、n 个结构体量值等。两个函数的调用形式分别是:

fread(buffer, size, count, fp);
fwrite(buffer, size, count, fp);

说明:

(1)buffer:是指向一个内存区的指针量值(可能是常量也可能是变量)。函数 fread( )中,buffer 是从文件读入数据将存放的地址。函数 fwrite( )中,buffer 是即将要输出(写入)到文件中的数据现在存放的地址。

(2)size:是读写多个数据的一个数据单位的大小(字节数)。

(3)count:是读写数据的个数,几个 size 字节。

（4）fp：对其进行读写操作的文件的指针。

（5）两个函数都在 stdio.h 中声明。

（6）fread（）函数返回的是读取到的数据个数，返回的个数可能小于 n；fwrite（）函数返回的是写到文件中的数据个数。

2.程序举例

下面程序示例比较综合，使用 fwrite（）和 fread（）函数实现了结构体数组的文件存储和读取。程序中实现了菜单，大量使用了函数，强调了二进制文件。

例 10.6：学生信息的磁盘文件存储和读取（见图 10.7）。

```c
#include <stdio.h>
#include <stdlib.h>
#include <string.h>
//-------类型定义---------------
typedef int    Score[2];
typedef char Name[10];
struct Student{
int id;
Name name;
Score score;
};


//-------函数声明-------------------
void InputStudent(Student * p);
void OutputStudent(Student * p);
void SaveStudent(Student * p, int n, char * filename);
void LoadStudent(char * filename,Student * p, int n);
//-------主函数开始------------------
int main()
{
int j ,n ,id;
Student * students;
char * filename;
char InputSign = 0;    //用于标识是否已经输入了数据，才可以文件存盘
char SaveSign = 0;       //用于标识是否已经保存了数据，才可以打开文件输出
while(1) {
if ( InputSign = = 0)
{
printf(" \n 请输入功能编号,运行系统相应功能\n");
printf("1-输入信息;其他数字-退出。\n");
}
```

```
else if( InputSign&&SaveSign = = 0)
{
printf(" \n 请输入功能编号,运行系统相应功能\n");
printf("1-输入信息;2-文件存盘;其他数字-退出。\n");
}
else
{
printf(" \n 请输入功能编号,运行系统相应功能\n");
printf("1-输入信息;2-文件存盘;3-打开文件输出;其他数字-退出。\n");

}
scanf("%d", &id);
switch (id) {
case 1:
{
printf(" \n 你准备输入几名同学信息? 请输入该整数! \n");
scanf("%d",&n);
students =(Student  * )malloc( n * sizeof( Student));
filename =(char * )malloc(20 * sizeof(char));
printf("请输入%d 名同学的信息", n);
for (j =0; j<n; j++) {
InputStudent(students+j);   //输入信息
}
InputSign =1;
break;
}
case 2:
{SaveSign =1;
getchar();//避免将输入 2 后的回车当文件名
printf(" \n 为了将数据保存到磁盘文件,请输入保存文件名:\n");
scanf("%s", filename);
SaveStudent(students, n,filename );//存到文件
SaveSign =1;
break;
}
case 3:
{
filename =(char * )malloc(20 * sizeof(char));
```

```
printf("\n 请输入打开文件名:\n");
scanf("%s",filename);
printf("\n 请输入您想取出文件中的前几个结构体信息(<=%d)? \n", n);
scanf("%d", &n);
getchar();
students=(Student * )malloc(n * sizeof(Student));
LoadStudent(filename,students,n);   //从文件读
for (j=0; j<n; j++) {
OutputStudent(students+j);//输出信息
//OutputStudent(students++);   //如果以这样的形式输出,下面的 free(students)会出错!
```
因为指针被移动到和内存分配时不一致的位置
```
}
break;
}
default:
{
break;
}
}
if ((id<1)||(id>3))
break;    //break while
}
free(students);
free(filename);
}


//--————————---输入函数------------------
void InputStudent(Student * p)
{
int i;
printf("\n 请输入整数编号,回车结束:");
scanf("%d",&p->id);
getchar();
printf("\n 请输入姓名字符串,回车结束: ");
gets(p->name);
printf("\n 请输入两门课的整数成绩,每门成绩以回车结束:\n");
for (i=0; i<2; i++)
{
scanf("%d",&p->score[i]);
```

```
getchar( ) ;
}
}


//---------输出函数--------------------
void OutputStudent( Student * p)
{
printf( " \n%d\t%s\t%d\t%d\n" , p->id, p->name, p->score[ 0 ], p->score[ 1 ] ) ;
}


//----------写文件函数------------------
void SaveStudent( Student * p, int n, char * filename)
{
FILE * fp;
int i;
if ( ( ( fp = fopen( filename, "wb" ) ) = = NULL)
{ //创建二进制文件
printf( " cannot open file\n" ) ;
return ;


}


for ( i = 0; i<n; i++)
{
if ( fwrite( p++, sizeof( Student), 1, fp) ！ = 1)//向文件中一次写一个结构体量值
printf( "file write error\n" ) ;
}
fclose( fp) ;


}
//-----------读文件函数------------------
void LoadStudent( char * filename,Student * p, int n)
{
FILE * fp;
fp = fopen( filename, "rb" ) ;//打开二进制文件
fread( p, sizeof( Student), n, fp) ;//从文件中一次读 n 个结构体量值
fclose( fp) ;
}
```

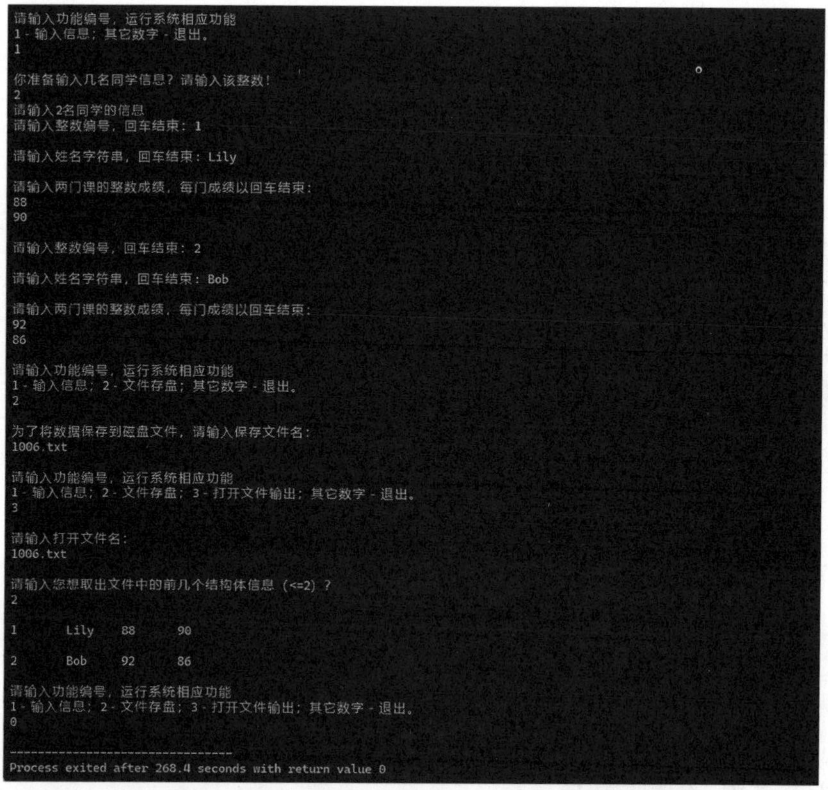

图 10.7　例 10.6 对学生信息进行输入和存储的运行结果

上述示例先给 Student 型动态数组输入信息，然后以一个文件名将数组中信息存入磁盘，再用函数 LoadStudent 打开文件，当给形式参数 n 传递数组长度时，取出磁盘文件中的全部信息；当给形式参数 n 传递小于数组长度时，取出部分信息。当再一次保存时，将取出的部分信息保存至文件。

10.3.4　格式化输入和输出

1.基本语法

fscanf( ) 和 fprintf( ) 函数是 C 语言标准库中的函数，用于进行格式化的文本输入和输出。fscanf( ) 和 fprintf( ) 函数用于对文件的格式化读写操作，调用方式是：

fscanf(文件指针,格式字符串,输入表列)；

fprintf(文件指针,格式字符串,输出表列)；

其中，文件指针表示指向要读取文件的文件指针，格式控制字符串是指定待读取数据的格式，输入输出列表是根据格式字符串中的格式说明符指定了待读取或存放数据的位置。

fscanf( ) 函数根据格式控制字符串中的格式说明符，从文件中读取数据，并将其存储到相应的变量中，返回成功读取的参数数量。如果读取失败，返回值可能小于参数数量。fprintf( ) 函数根据格式控制字符串中的格式说明符，将相应的数据按照指定的格式输出到文件中，返回成功输出的字符数量。如果输出失败，返回值可能为负数。

2.程序举例

例 10.7：

```
#include <stdio.h>
int main( ) {
    FILE * filePtr = fopen("data.txt", "r");
    if (filePtr ! = NULL) {
        int num1, num2;
        fscanf(filePtr, "%d %d", &num1, &num2);
        printf("读取到的数据:%d, %d\n", num1, num2);
        fclose(filePtr);
    } else {
        printf("无法打开文件\n");
    }
    return 0;
}
```

在上述示例中,使用 fopen 函数以读取模式打开名为"data.txt"的文件,并返回一个指向该文件的文件指针 ilePtr。随后,使用 fscanf( )函数从文件中按照格式字符串"%d %d"读取两个整数,并将它们存储到变量 num1 和 num2 中。

图 10.8 为例 10.7 的运行结果。

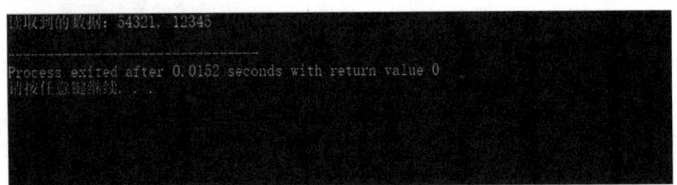

图 10.8 例 10.7 的运行结果

例 10.8：

```
#include <stdio.h>
int main( ) {
    FILE * filePtr = fopen("output.txt", "w");
    if (filePtr ! = NULL) {
        int num1 = 10, num2 = 20;
        fprintf(filePtr, "两个数的和是:%d\n", num1 + num2);
        fclose(filePtr);
    } else {
        printf("无法打开文件\n");
    }
    return 0;
}
```

在上述示例中,使用 fopen 函数以写入模式打开名为"output.txt"的文件,并返回一个指向该文件的文件指针 filePtr, 之后使用 fprintf( ) 函数将格式化的数据输出到文件中。

图 10.9 为例 10.8 的运行结果。

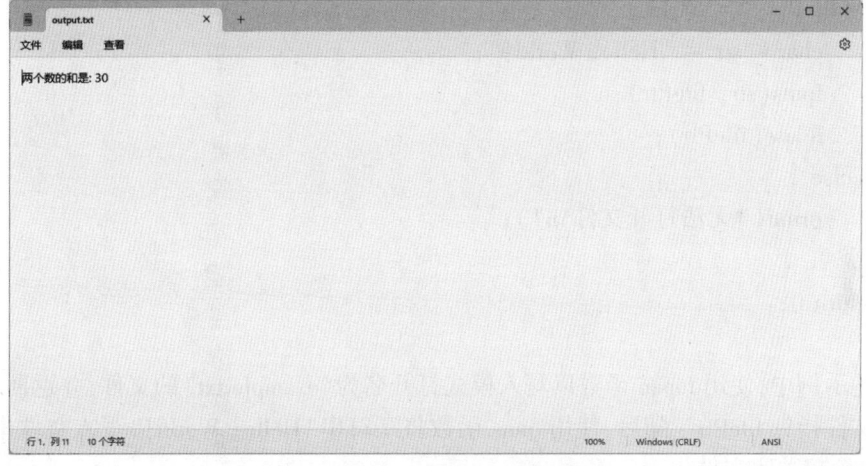

图 10.9　例 10.8 的运行结果

10.3.5　字符串读写

1.基本语法

fgets( ) 和 fputs( ) 函数是 C 语言标准库中用于进行文本文件读取和写入的函数。类似于 gets( ) 和 puts( ) 函数, fgets( ) 和 fputs( ) 函数用于对更广泛的文件做字符串读写。这两个函数的调用格式分别如下：

fgets(buffer, count, fp) ;

fputs(buffer, fp) ;

说明：

（1）fgets( ) 函数从文件 fp 中读 count 个字符, 存入 buffer 中。

（2）fputs( ) 函数将 buffer 中的字符串写入文件 fp 中。

C 语言程序设计教程

（3）如果 fp 是标准输入输出文件，则它们等价于 puts 和 gets 函数。

（4）fgets 返回的是读取的字符串，如果出错或到达文件尾，返回 NULL；fputs 返回非 0 值，如果出错返回 EOF。

需要注意的是，fgets（）函数从文件中读取一行文本数据（包括换行符），并将其存储到指定的字符数组中，该函数会在读取到换行符 '\n'、已经读取了 n-1 个字符及到达文件末尾时停止；如果读取失败或到达文件末尾，返回值为 NULL。fputs（）函数将指定的字符串写入文件中，直到遇到字符串结束符'\0'。操作成功时，返回一个非负数作为成功的标志；如果写入失败，返回值为'EOF'。

2.程序举例

例 10.9：

```
#include <stdio.h>

int main( ) {
    FILE * filePtr = fopen("example.txt", "w");
    if (filePtr ! = NULL) {
        char * str = "Hello, World!";
        fputs(str, filePtr);
        fclose(filePtr);
    } else {
        printf("无法打开文件\n");
    }
    return 0;
}
```

在上述示例中，使用 fopen 函数以写入模式打开名为"example.txt"的文件，并返回一个指向该文件的文件指针 filePtr。随后，使用 fputs 函数将字符串"Hello, World!"写入文件中。最后，使用 fclose 函数关闭文件。

图 10.10 为例 10.9 的运行结果。

202

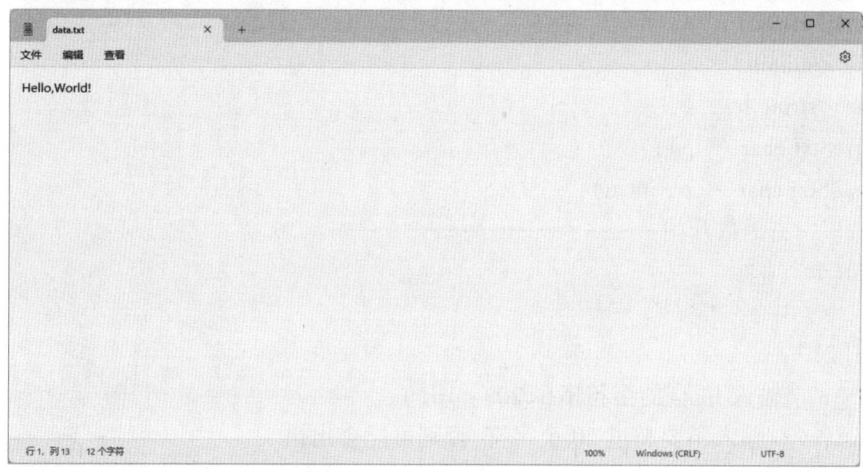

图 10.10　例 10.9 的运行结果

例 10.10：

```c
#include <stdio.h>

int main( ) {
    FILE * filePtr = fopen("data.txt", "r");
    if (filePtr ! = NULL) {
        char line[100];
        while (fgets(line, sizeof(line), filePtr) ! = NULL) {
            printf("%s", line);
        }
        fclose(filePtr);
    } else {
        printf("无法打开文件\n");
    }
```

```
    return 0;
}
```

在上述示例中,使用 fopen 函数以读取模式打开名为" data.txt"的文件,并返回一个指向该文件的文件指针 filePtr。然后,使用 fgets( )函数逐行读取文件中的文本数据,并将每行数据存储到字符数组 line 中,然后通过 printf 函数输出。

图 10.11 为例 10.10 的运行结果。

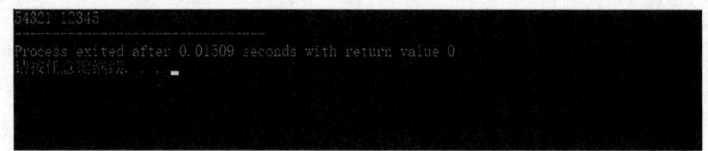

图 10.11 例 10.10 的运行结果

例 10.11:用输入的文件名创建二进制文件,存储从键盘输入的字符串;再打开文件,读出前 5 个字符(见图 10.12)。

```
#include <stdio.h>
#include <string.h>
void SaveStr( char * p);
void LoadStr( char * p, int n);
//-------主函数开始--------------------
int main( )
{
char str[21];
printf(" \n 请输入 fputs 的字符串( <20): \n");
gets( str);   //输入不要超过 20 个字符,否则可能会出错
SaveStr( str);
LoadStr( str,5);
puts( str);
}

//----------写文件函数--------------------
void SaveStr( char * p)
{
FILE * fp;
char filename[20];
printf(" \n 请输入保存文件名:\n");
gets( filename);
if ( ( fp = fopen( filename, "wb")) = = NULL) { //创建二进制文件
printf(" cannot open file \n");
return;
}
```

```
fputs(p, fp);
fclose(fp);
}
//-----------读文件函数-----------------
void LoadStr(char * p, int n)
{
int i;
FILE * fp;
char filename[20];
printf("\n请输入打开文件名:\n");
gets(filename);
fp=fopen(filename, "rb");//打开二进制文件
fgets(p, n, fp);
fclose(fp);
}
```

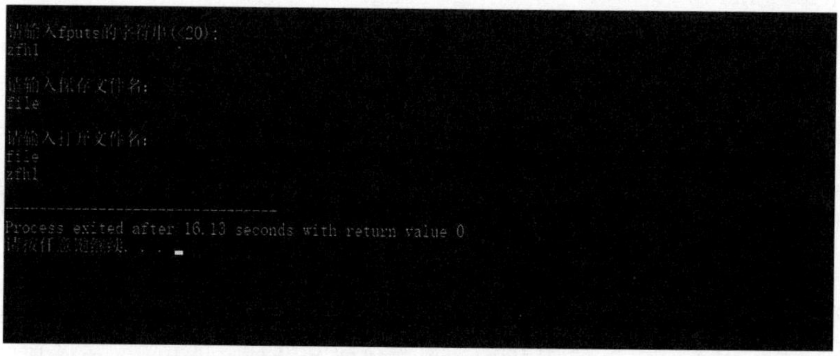

图 10.12　例 10.11 的运行结果

10.4　文件定位和随机读写

文件内的定位和随机读写是指在文件中进行定位操作,并以随机的方式读取或写入数据,这种方式允许根据需要访问文件中的特定位置,而不仅仅是按顺序逐个读取或写入数据。在 C 语言中,可以使用文件指针和相关函数来实现文件内的定位和随机读写操作。

10.4.1　ftell( )函数

1.基本语法

由于文件中的位置指针经常移动,往往忘记了当前位置,这时需要知道文件指针当前位置。C 语言中的 ftell( )函数用于获取文件指针的当前位置。

当需要获取文件指针所在的位置时,可以调用 ftell( )函数,函数返回一个 long 类型的值,表

示文件指针相对于文件开头的偏移量。通过这个偏移量,就可以知道文件指针所在的位置,进而进行后续的读取或写入操作。如果函数返回-1L,表示出错。

ftell( )函数的调用格式如下:

ftell(fp);

其中,参数 fp 是一个指向已打开文件的指针,用于指定要获取位置的文件。

2.程序举例

例 10.12:

```c
#include <stdio.h>

int main( ) {
    FILE * filePtr = fopen("data.txt", "r");
    if (filePtr ! = NULL) {
        long position = ftell(filePtr);
        printf("文件指针位置:%ld\n", position);
        fclose(filePtr);
    } else {
        printf("无法打开文件\n");
    }

    return 0;
}
```

在上述示例中,使用 fopen( )函数以读取模式打开名为"data.txt"的文件,并返回一个指向该文件的文件指针 filePtr。然后,使用 ftell( )函数获取文件指针的位置,并将其存储在变量 position 中。最后,使用 printf( )函数将位置打印到控制台上(见图 10.13)。

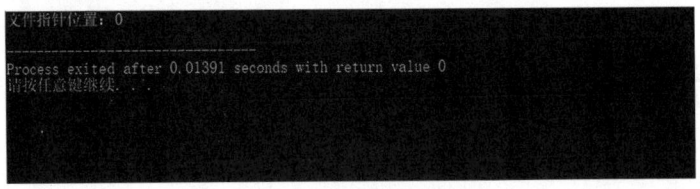

图 10.13　例 10.12 的运行结果

需要注意的是,ftell( )函数返回的位置是以字节为单位的偏移量。对于文本文件,函数返回值表示从文件开头到当前位置的字符数。对于二进制文件,则表示从文件开头到当前位置的字节数。

10.4.2　rewind( )函数

1.基本语法

rewind( )函数是 C 语言中的文件操作函数之一,用于将文件指针重新定位到文件的开头。使用 rewind( )函数可以方便地将文件指针重置到文件的起始位置,以便重新读取文件内容或进行其他操作。

rewind( )函数的调用格式：

rewind(fp)；

参数 fp 是一个指向已打开文件的指针,用于指定要重新定位文件指针的文件。rewind( )函数将文件指针移动到文件的开头,即相当于调用 fseek(stream, 0, SEEK_SET)。

2.程序举例

例 10.13：

```c
#include <stdio.h>

int main( ) {
    FILE * filePtr = fopen("data.txt", "r");
    if (filePtr ! = NULL) {
        //读取文件内容
        // ...

        rewind(filePtr); //将文件指针重置到文件开头

        //重新读取文件内容
        // ...

        fclose(filePtr);
    } else {
        printf("无法打开文件\n");
    }

    return 0;
}
```

在上述示例中,首先使用 fopen( )函数以读取模式打开名为" data.txt" 的文件,并返回一个指向该文件的文件指针 filePtr。然后,可以根据需要读取文件的内容。接着,通过调用 rewind( )函数,将文件指针重新定位到文件的开头。最后,可以重新读取文件的内容,或者进行其他操作。最后,使用 fclose( )函数关闭文件(见图 10.14)。

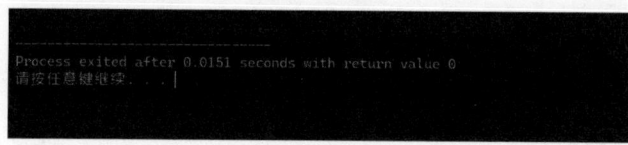

图 10.14　例 10.13 的运行结果

10.4.3 fseek( ) 函数

1.基本语法

fseek( )函数是 C 语言中的文件操作函数之一,用于在文件中进行定位操作,将文件指针移动到指定位置。fseek( )函数可以定量改变文件指针的指向,使用 fseek( )函数可以将文件指针移动到所需的位置,以便进行读取、写入或其他操作。fseek( )函数成功执行时返回 0,若发生错误则返回非零值。

fseek( )函数的调用方式:

fseek(文件指针,位移量,起始点)

参数文件指针是一个指向已打开文件的指针,用于指定要进行定位操作的文件。

参数位移量表示偏移量,即要移动的字节数或字符数。正值表示向文件末尾方向移动,负值表示向文件开头方向移动。

参数起始点指定了定位的基准位置,可以是以下常量之一:

其中,位移量是从当前位置向下移动的字节数,一般要求是 long 型数据。起始点用 0、1 或 2 代替,0 代表"文件开始",1 代表"当前位置",2 代表"文件末尾"。ANSI C 标准指定以下的名字:

起始点名字用数字代表

文件开始 SEEK_SET0

文件当前位置 SEEK_CUR1

文件末尾 SEEK_END2

fseek( )函数一般用于二进制文件,因为文本文件要发生字符转换,计算位置时往往会发生混乱。例如:

fseek(fp, 100L, 0);

fseek(fp, 50L, 1);

fseek(fp, −10L, 2);

2.程序举例

例 10.14:将若干名同学信息存入文件,然后打开文件,根据输入的整数 n,只读取第 n 名同学信息。

```
#include <stdio.h>
#include <string.h>
//-------类型定义--------------------
typedef int    Score[2];
typedef char Name[10];
struct Student{
int id;
Name name;
Score score;
```

```
};
//-------函数声明-------------------
void InputStudent(Student * p);
void OutputStudent(Student * p);
void SaveStudent(Student * p, int n);
Student LoadStudent( int n);
//-------主函数开始------------------
#define N   3
int main( )
{
int j ,n ,id;
Student students[N];
Student tem;   //用来存放要输出的那个结构体信息
while(1) {
printf("\n请输入功能编号,运行系统相应功能\n");
printf("1-输入信息;2-文件存盘;3-打开文件输出;其他-退出。\n");
scanf("%d", &id);
switch (id) {
case 1:
{
for (j=0; j<N; j++) {
InputStudent(students+j);   //输入信息
}
break;
}
case 2:
{getchar( );//避免将输入 2 后的回车当文件名
SaveStudent(students, sizeof(students)/sizeof(Student) );//存到文件
break;
}
case 3:
{printf("\n请输入您想取出文件中的第几个结构体信息(<%d)? \n", N);
scanf("%d", &n);
getchar( );
tem=LoadStudent(n);   //从文件中读第 n 名同学信息
OutputStudent(&tem);//输出信息
break;
}
default:
```

```
                }
            break;
            }
        }
        if ((id<1)||(id>3))
            break;    //break while
        }
    }
    //------输入函数--------------------
    void InputStudent(Student * p) {
    int i;
    printf("\n请输入整数编号,回车结束:");
    scanf("%d",&p->id);
    getchar();
    printf("\n请输入姓名字符串,回车结束: ");
    gets(p->name);
    printf("\n请输入两门课的整数成绩,每门成绩以回车结束:\n");
    for (i=0; i<2; i++) {
    scanf("%d",&p->score[i]);
    getchar();
    }
    }
    //---------输出函数--------------------
    void OutputStudent(Student * p) {
    printf("\n%d\t%s\t%d\t%d\n", p->id, p->name, p->score[0], p->score[1]);
    }
    //----------写文件函数--------------------
    void SaveStudent(Student * p, int n)
    {
    FILE  * fp;
    char filename[20];
    int i;
    printf("\n请输入保存文件名:\n");
    gets(filename);
    if ((fp=fopen(filename, "wb"))= =NULL) {//创建二进制文件
    printf("cannot open file\n");
    return;
    }
    for (i=0; i<n; i++){
```

```
if（fwrite（p++，sizeof（Student），1，fp）！=1）//向文件中一次写1个结构体量值
printf（"file write error\n"）；
}
fclose（fp）；
}
//-----------读文件函数--------------------
Student LoadStudent（int n）
{Student tem；
FILE *fp；
char filename［20］；
printf（"\n请输入打开文件名：\n"）；
gets（filename）；
fp=fopen（filename，"rb"）；//打开二进制文件
fseek（fp，（long）（n*sizeof（Student）），0）；//根据参数n调整文件指针位置
fread（&tem，sizeof（Student），1，fp）；//从文件中一次读1个结构体量值
fclose（fp）；
return tem；
}
```

图10.15为例10.14的运行结果。

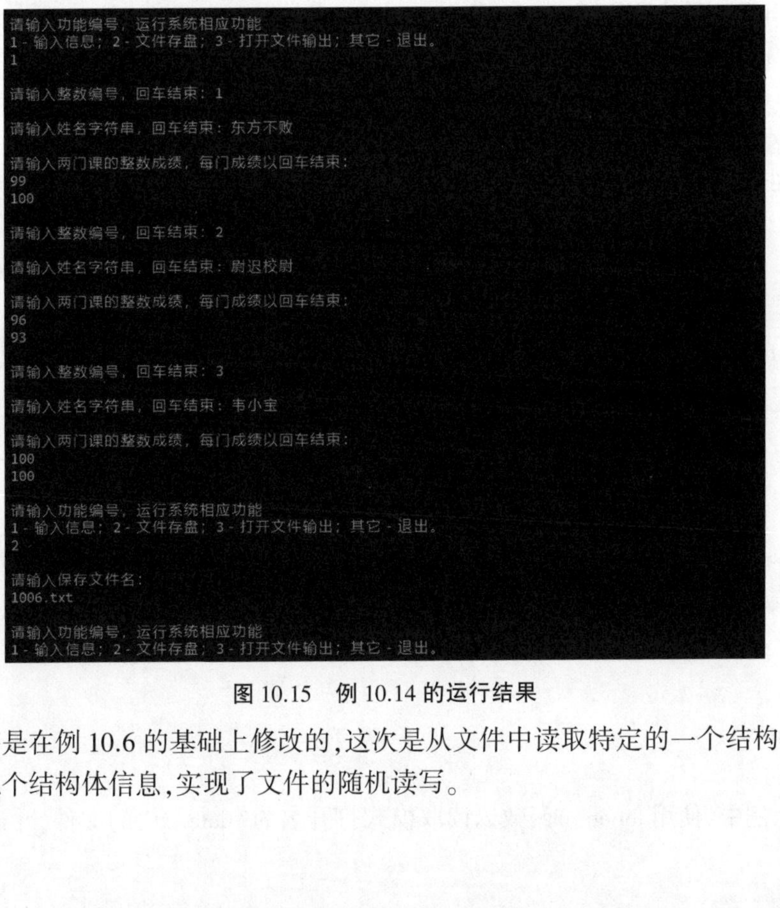

图10.15 例10.14的运行结果

上面程序是在例10.6的基础上修改的,这次是从文件中读取特定的一个结构体信息,而不是读取前面几个结构体信息,实现了文件的随机读写。

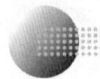

10.4.4 feof( )函数

1.基本语法

feof( )函数是 C 语言中的文件操作函数之一,用于检测文件的结束标志。feof( )函数在文件结束时返回非零值(即真),否则返回 0(即假)。

feof( )函数的调用格式:

feof(文件指针);

其中,参数文件指针是一个指向已打开文件的指针,用于指定要检测的文件。当文件内指针指向文件尾,函数返回非 0,否则返回 0。该函数常用的调用方法为:

while(! feof(fp)) {

//对文件操作

}

2.程序举例

例 10.15:

```c
#include <stdio.h>
int main( ) {
    FILE * filePtr = fopen("data.txt", "r");
    if (filePtr ! = NULL) {
        int ch;
        while (1) {
            ch = fgetc(filePtr);
// 处理读取的字符
            printf("%c",ch);
            // ...
            if (feof(filePtr)) {
printf("\n");
                printf("已到达文件末尾\n");
                return 1;
            }
        }
        fclose(filePtr);
    } else {
        printf("无法打开文件\n");
    }
    return 0;
}
```

在上述示例中,使用 fopen( )函数以读取模式打开名为"data.txt"的文件,并返回一个指向该文件的文件指针 filePtr。然后,使用 fgetc( ) 函数从文件中逐个读取字符,直到遇到文件结束符(EOF)。在每次循环迭代中,可以使用 feof( ) 函数检查文件是否已经到达末尾,并在需要时进行相应的处理。最后,使用 fclose( ) 函数关闭文件(见图 10.16)。

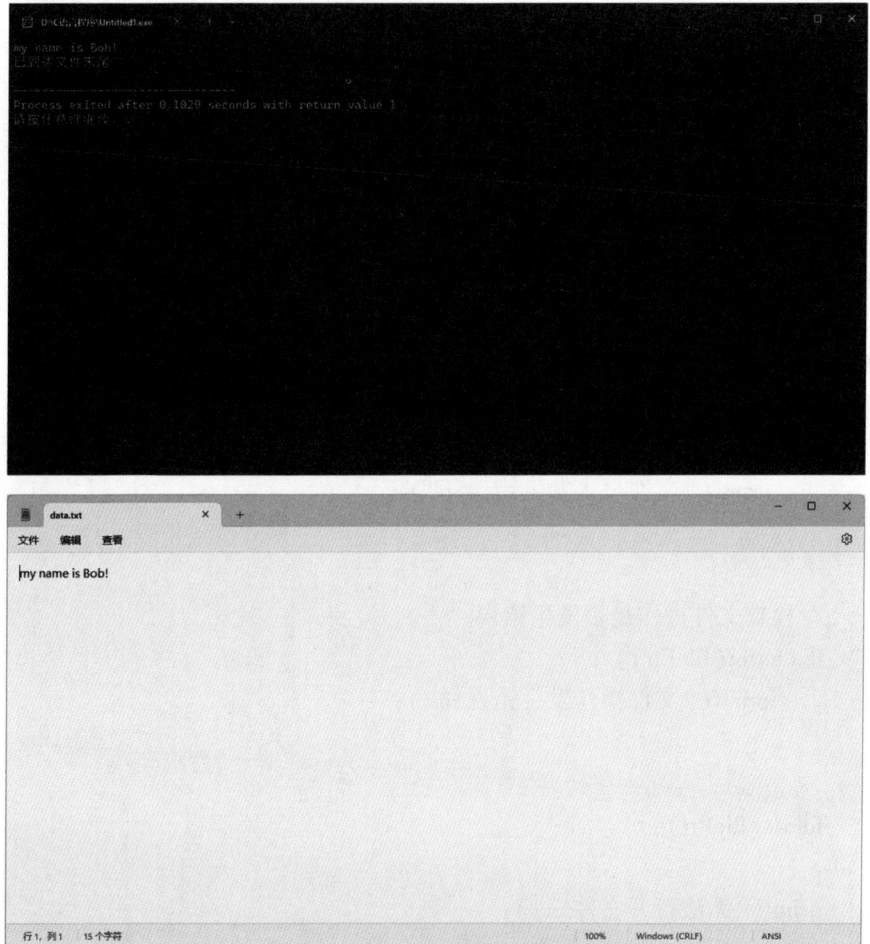

图 10.16　例 10.15 的运行结果

10.4.5　ferror( ) 函数

1.基本语法

ferror( ) 函数是 C 语言中的文件操作函数之一,用于检测文件操作是否发生了错误。使用 ferror( ) 函数可以检查文件操作是否成功,以便进行适当的错误处理。调用 ferror( ) 函数可以返回当前文件状态标识。

ferror( ) 函数的调用格式:

ferror(文件指针);

其中,参数文件指针是一个指向已打开文件的指针,用于指定要检测的文件。如果"文件指针"所标识的文件正常,函数 ferror( ) 返回 0,否则返回非 0。常用的调用方法是:

```
//对文件读写操作代码(fread( ),fwrite( ),fputc 等)
if( ferror( fp ) ) {
fprintf( stderr, "File error" );
exit(0);
}
```

2.程序举例

例 10.16:

```
#include <stdio.h>

int main( ) {
    FILE * filePtr = fopen( "data.txt", "w" );
    if (filePtr ! = NULL) {
        //文件操作
        if (fputs( "Hello, World!", filePtr) = = EOF) {
            printf( "文件写入发生错误\n" );
        }

        //检查文件操作是否发生错误
        if (ferror( filePtr)) {
            printf( "文件操作发生错误\n" );
        }

        fclose( filePtr );
    } else {
        printf( "无法打开文件\n" );
    }

    return 0;

}
```

在上述示例中,使用 fopen( )函数以写入模式打开名为"data.txt"的文件,并返回一个指向该文件的文件指针 filePtr。然后,在文件中进行写入操作,使用 fputs( )函数将字符串写入文件。可以通过比较 fputs( )函数的返回值是否为 EOF 来判断写入操作是否发生错误。接下来,使用 ferror( )函数检查文件操作是否发生错误,并在需要时进行相应的处理。最后,使用 fclose( )函数关闭文件(见图 10.17)。

图 10.17 例 10.16 的运行结果

1. 编写一个程序,从键盘读取一段文本,并将其写入到名为"data.txt"的文件中。
2. 编写一个程序,读取名为"data.txt"的文件内容,并在控制台上显示出来。
3. 编写一个程序,将两个文件的内容合并到一个新文件中。

参考文献

［1］谭浩强. C 程序设计. 2 版. 北京:清华大学出版社,1999.

［2］陈朔鹰,陈英. C 语言程序设计习题集. 2 版. 北京:人民邮电出版社,2003.

［3］普拉达 S. C Primer Plus 中文版.姜佑,译. 6 版.北京:人民邮电出版社,2019.

［4］颜晖,张泳. C 语言程序设计实验与习题指导. 4 版. 北京:高等教育出版社,2020.

［5］金 K N.C 语言程序设计现代方法.吕秀峰,黄倩,译.2 版. 北京:人民邮电出版社,2021.

［6］里科 K. C 和指针. 徐波,译.北京:人民邮电出版社, 2020.

［7］冈萨雷斯-莫里斯 G. C 语言入门经典.童晶,李天群,译. 6 版.北京:清华大学出版社,2022.

［8］戴特尔 P,戴特尔 H. C 程序设计教程.王海鹏,译. 9 版.北京:人民邮电出版社, 2023.

［9］明日科技. C 语言从入门到精通. 6 版. 北京:清华大学出版社,2023.

［10］康莉,李宽. 零基础学 C 语言. 4 版. 北京:机械工业出版,2020.